Sicheres Anschlagen von Lasten

Anschlagmittel sinnvoll auswählen, sicher benutzen, rechtzeitig ablegen

Ausgabe A: Für den Anschläger

von

Dr.-Ing. Ernst-Otto Siegmann

mit 179 Bildern, Zeichnungen und Tabellen

Impressum:

6. Auflage 2019

Illustrationen auf den Seiten 6, 11, 13, 17, 19, 24, 26, 33, 39, 40, 43, 49, 51, 59, 66, 67: Eckert-Design, München
Umschlagzeichnung: Eckert-Design, München
Bildnachweis: s. Seite 80
Druck und Bindung: alpha-teamDRUCK, D-81671 München

ISBN 978-3-935197-10-6

Liebe Leserinnen, liebe Leser,

Sie als Anschläger tragen eine hohe Verantwortung beim Transport von Lasten – sei es beim Beladen von Schiffen, Lkws, auf Baustellen oder beim innerbetrieblichen Transport. Wer arbeitet, macht Fehler – aber hier können Fehler tödliche Folgen haben oder zu Verletzungen bis zur Invalidität führen. Gefährdet sind Sie, Ihre Kollegen oder völlig Unbeteiligte. Hohe Sachschäden und Konventionalstrafen können das Unternehmen schädigen und Sie damit um Ihren Arbeitsplatz bringen.

Wer Lasten anschlägt, sei es als Mitgänger-Kranführer, Produktionsmitarbeiter, Erdbaumaschinenführer oder als eigentlicher „Anschläger", muss fachkundig und zuverlässig sein. Er bewegt tagtäglich in Zusammenarbeit mit dem Kranführer viele Tonnen. Es zählen in seinem Leben nicht die zehntausend Hübe, die ohne Schäden verliefen, weil einige noch gerade einmal gut gegangen sind – es zählt der eine Hub, bei dem der Kollege tödlich verletzt wurde.

Ihr oder sein Fehlverhalten beim Heben oder eine Fehlbeurteilung bei der vorhergehenden Sichtprüfung waren die Ursache – Sie werden lebenslänglich daran denken müssen. Deswegen wurde dieses Heft gerade für Sie geschrieben, für Sie und Ihre Kollegen, ob Sie nun Fritz oder Karl heißen. Zur Vereinfachung / besseren Übersichtlichkeit haben wir bei den Texten nur die männliche Ansprechform „Anschläger" gewählt. Selbstverständlich ist damit auch die Anschlägerin gemeint.

Einige Überlegungen zu gefährlichen Situationen, in die Sie als Anschläger oder Mitgänger-Kranführer kommen können: **Wer ist gefährdet? Sie und alle Personen im Gefahrenbereich!**

Worin besteht die Gefährdung?
Getroffenwerden von der Last: Beim Lastabsturz, beim Pendeln der Last. Absturz, Stolpern: Beim Befestigen der Anschlagmittel an der Last, beim Lösen der Anschlagmittel von der Last und aus dem Kranhaken, beim Verbleiben im Lastbereich während des Anhebens und Lastpendelns. Verletzung der Hände durch falsches Umfassen beim Straffen der Anschlagmittel, Verletzung der Füße beim Lastabsetzen, Verletzung durch herumfliegende Teile (Kopf, ganzer Körper) Herabfallen von Teilen der Last (abgelegtes Werkzeug auf Bohlen).

Wo ist man gefährdet?
Unter der Last, neben der Last bei Hubbeginn, auf hoch gelegenen Arbeitsplätzen, neben dem Lkw beim Öffnen der Klappe und beim Abladen.

Mit dieser Broschüre erhalten Sie handfestes Basiswissen für Ihre Tätigkeit als Anschläger.

– Der Verfasser –

Inhaltsverzeichnis

Hinweis:
Für Planer, Einkäufer und befähigte Personen ist eine erweiterte Ausgabe B zur Planung von Hebe- und Montagevorgängen, Beschaffung von Anschlagmitteln und Prüfung erschienen, die ebenfalls beim Resch-Verlag zu beziehen ist.

Fritz, unser Anschläger

Fritz mag Lagerarbeiter sein, in der Produktion arbeiten, als Lkw-Fahrer oder als Bauhelfer tätig sein: Wir bezeichnen ihn als Anschläger, weil er Lasten „anschlägt", also Lasten am Haken des Krans, des Hebezeugs oder am Baggerhaken befestigt. Fritz muss von seinem Arbeitgeber dazu beauftragt worden sein.

Er benutzt die Lastaufnahmeeinrichtungen, also Lastaufnahmemittel und Anschlagmittel selbstständig und ist damit für sein Handeln und den sicheren Transport verantwortlich. Sach- und Personenschäden sind die Folge, wenn Fritz Fehler macht! Kommen Personen zu Schaden, interessiert sich auch der Staatsanwalt für Fritz und seine Vorgesetzten, die die betrieblichen Organisationspflichten haben.

Wenn Fritz zur Arbeit kommt, zieht er sich Arbeitsschutzschuhe mit Stahlkappen an und trägt Schutzhandschuhe. Weil man an Lasten anstoßen kann und er in einem Lärmbereich arbeitet, setzt er einen Helm mit Gehörschutz auf.

Welche Anschlagmittel soll er nun benutzen, wenn er morgens frisch auf den Platz kommt?

Hoffentlich nimmt er nicht einfach ungeprüft das, was vorhanden ist, nur weil es nah am Kran liegt!

Sind nur „Schluppen" da (fachmännisch: Rundschlingen, Grummets, Kranzketten, also Endlosanschlagmittel), besteht immer die Gefahr, dass Fritz Lasten nicht stabil aufhängt, sodass das Anschlagmittel im

Ein professioneller Hub! 75 t am Haken für die neue Ecktribüne eines Fußballstadions.

Kranhaken durchrutscht oder an der Last abrutschen kann.

Um die Last stabil aufzuhängen braucht man jedoch für eine Vielzahl von Hüben mehrsträngige Anschlagmittel. Viele Beispiele geeigneter Anschlagmittel werden in diesem Werk vorgestellt. Ohne die für diese Arbeit wirklich geeigneten Anschlagmittel muss Fritz Fehler machen, für die dann der Unternehmer oder sein Beauftragter verantwortlich ist. Ist die Last aber abgestürzt, zeigen alle dem Staatsanwalt erst mal unseren Fritz!

Das Wichtigste, was jeder Anschläger schon am allerersten Tag lernen muss:

Wo darf ich **nicht** stehen?

- Unter der schwebenden Last.
- Im Pendelbereich der anzuhebenden Last.
- Zwischen gemeinsam anzuhebenden Lasten.
- Neben anzuhebenden kippgefährdeten Platten.
- Im Fallbereich neben abzuladenden Lkws.
- An Absturzkanten, wie Lukenrändern, Gruben, auf Lasten.

Bereits bei der Grundeinweisung am Arbeitsplatz oder der vorherigen Schulung muss so anzuschlagen gelehrt werden, dass kein Arbeitnehmer oder sonstiger Beteiligter gefährdet wird. Wenn sich beim Anheben der Last der Lasthaken nicht genau über dem Lastschwerpunkt befindet, pendelt die Last. Sie bewegt sich sofort zur Seite, sodass sich der Schwerpunkt nach dem Auspendeln direkt unterhalb des Kranhakens befindet.

Vorher pendelt er jedoch kräftig genau so weit zur Seite, wie er vorher falsch positioniert war! Deswegen muss Fritz den Gefahrenbereich beim Heben und Transportieren verlassen haben, bevor er das Zeichen zum

Warnung vor schwebender Last. Der unnötige Aufenthalt unter schwebenden Lasten ist verboten!

Vorsicht Falle!

Anheben gibt oder selbst anhebt. Generell ist der Aufenthalt von Personen unter schwebenden Lasten verboten!

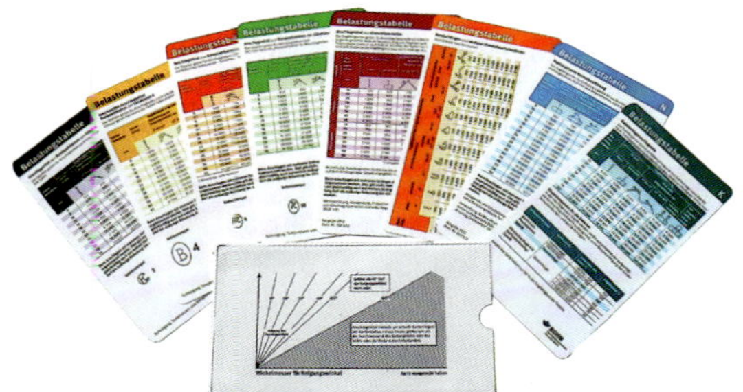

Handlicher Kartensatz mit Winkelmesser

Fritz braucht zum Anschlagen auch Werkzeuge: Tragfähigkeitstabellen der Berufsgenossenschaft, Unterleghölzer für Lasten, die er positionieren soll, ein Leitseil oder für die Verständigung mit dem Kranführer über weitere Entfernung mit Sichtbehinderung ein Funkgerät.

Fritz verständigt sich mit dem Kranführer durch

- Handzeichen,
- Sprache, wenn der Kranführer nah ist,
- Sprechfunk oder
- andere akustische oder optische Zeichen (Taschenlampe).

Ein verantwortlicher Anschläger darf die Zeichen zum Bewegen der Last an den Kranführer nur geben, wenn alle Personen den Gefahrenbereich verlassen haben.

Persönliche Schutzausrüstung für den Anschläger

Schutzhandschuhe

Als Anschläger hat man häufig mit Stahldrahtseilen und Hölzern zu tun. Schutzhandschuhe schützen die Hände vor Verletzungen, denn Unterleghölzer haben Splitter und Drahtseile häufig herausstehende Einzeldrähte. Auch die scharfen Kanten der Last, um die Kantenschützer gelegt werden, können unangenehm in die Hand schneiden.

Vier verschiedene Schutzhandschuhe

Arbeitsschutzschuhe mit Stahlkappen (EN 345)

Die Stahlkappen schützen die Füße vor herabfallenden Lasten, vor herunterfallenden „Zuladungen“, die auf den Lasten liegen können (verboten) und beim Anstoßen an spitze oder scharfe Kanten.

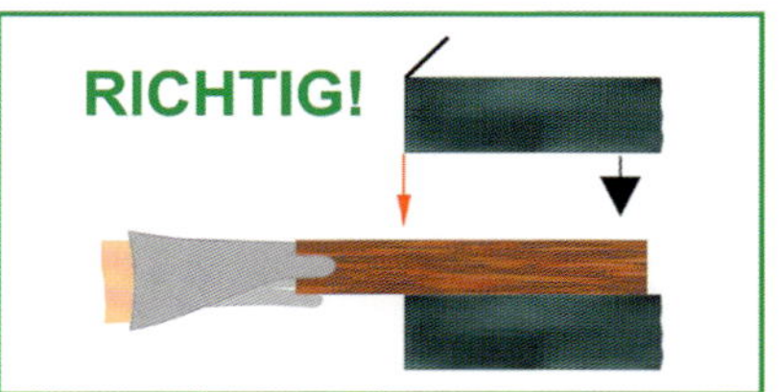

Holz seitlich anfassen!

Arbeitsschutzhelm
Der Kopf kann an den Kranhaken, an Lasten, Lastaufnahmemittel oder auch Anschlagmittelhaken anstoßen. Er wird durch den Arbeitsschutzhelm geschützt.

Schutzhelm benutzen!

Gehörschutz
In allen Lärmbereichen ist Gehörschutz nötig, um das Gehör vor der Einwirkung zu starken Lärms zu schützen. Zur besseren Verständigung mit dem Kranführer oder Anschlägerkollegen gibt es Gehörschützer mit Sprechfunk.

Gehörschutz benutzen!

Unterleghölzer
sind grundsätzlich seitlich anzufassen, um sich daran zu gewöhnen; kurz vor dem Absetzen der Last fasst man sonst falsch an, und der Daumen wird gequetscht.

Schutzhandschuhe benutzen!

PSA gegen Absturz
Bei Montage und Demontage, Abbruch- und Abwrackarbeiten besteht oft die Gefahr, dass zum Anbringen oder Lösen von Anschlagmitteln in Bereichen gearbeitet wird, wo es noch keine Absturzsicherungen gibt. Hier ist vom Krankorb aus zu arbeiten oder man muss sich anseilen!

Fußschutz benutzen!

Transport von Hand

Für manche Kartons, Gerätschaften, Werkzeuge oder Kleinteile scheint es überflüssig, ein Hebezeug zu holen. Es geht schneller ohne Kran! Bei der Vorbereitung für große Transporte stehen manchmal Dinge im Weg, die „eben mal" weggeräumt werden müssen. Solche Aufgaben sind typisch für den Anschläger; er legt aber auch Unterleghölzer oder Paletten bereit und hebt die Anschlagmittel in den Kranhaken, wobei eine schwere Kette schon sehr schnell über 20 kg wiegen kann. Bei falschen Körperhaltungen und Bewegungen beim Heben kann man sich die Bandscheiben schädigen oder auf Dauer am Rücken erkranken.

Die Lastenhandhabungsverordnung regelt die Unterweisung der Arbeitnehmer und beschreibt die Gefahren, z. B.: wenn die Last

- zu schwer oder zu groß ist,
- zu unhandlich oder schwierig zu fassen ist,
- zu weit vom Körper entfernt ist,
- der Rumpf für die Handhabung gebeugt oder gedreht wurde.

Gefahren verursachen zusätzlich:

- unebene Böden,
- Stolperstellen,
- sichtbehindernde Lasten, insbesondere auf Treppen.

Die Lendenwirbelsäule ist gefährdet, wenn

- der Kraftaufwand zu groß, zu lange oder zu häufig ist,
- eine Drehbewegung des Rumpfes unter starker Belastung erforderlich ist,
- eine plötzliche Bewegung der Last auftritt durch ihr Herausziehen aus einem höher gelegenen Regal, wenn sie über die Vorderkante rutscht,
- die Entfernungen, über die die Last gehoben, gesenkt oder getragen werden muss, zu groß ist.

Tragen heißt, eine Last mehr als 5 m bei gleichbleibender Körperhaltung und Trageform zu bewegen. **Heben und Umsetzen** heißt, eine Last in weniger als 5 s durch Arm- oder Körperbewegung aus dem Stand oder mit maximal 2 Schritten zu bewegen.

DGUV I 208-006 „Sicherheit und Gesundheitsschutz bei Transport- und Lagerarbeiten" zeigt mit Tabellen die mehrstufige Berechnung des Lastgewichtes nach Berücksichtigung der Zeit der Hebe- und Umsetzvorgänge, des Haltens oder des Tragens, der wirksamen Last und der Körperhaltung.

Die folgende Tabelle aus der Broschüre „Heben und Tragen" des Bayerischen Landesamtes für Arbeitsschutz, Arbeitsmedizin und Sicherheitstechnik (LfAS) gibt einen schnellen Überblick:

Richtwerte für das Heben und Tragen von Lasten mit geradem Rücken ohne Hilfsmittel							
Art	Alter (Jahre)	Selten < 5 % der Schicht (kg)		Wiederholt 5-10 % der Schicht (kg)		Häufig > 10-35 % der Schicht (kg)	
		Männer	Frauen	Männer	Frauen	Männer	Frauen
Heben	-16	20	13	13	9	–	–
	17-19	35	13	25	9	20	8
	20-45	55	15	30	10	25	9
	> 45	50	13	25	9	20	8
Tragen	-16	20	13	13	9	–	–
	17-19	30	13	20	9	15	8
	20-45	50	15	30	10	20	9
	> 45	40	13	25	9	15	8

nach LfAS: Heben und Tragen von Lasten 2004. Schwangere dürfen regelmäßig keine Lasten von mehr als 5 kg und gelegentlich mehr als 10 kg von Hand heben (Mutterschutzgesetz § 4 Absatz 2).

Wie hebt man von Hand?

- Muss das Objekt wirklich von Hand gehoben werden?
- Frontal ohne Verdrehung vor die Last stellen.
- Dicht an die Last herantreten.
- Man stellt sich breitbeinig hin, setzt die Füße vollständig auf, beugt die Knie, bildet ein natürliches Hohlkreuz mit der Brust nach vorne, oben herausgedrückt, spannt Rumpf- und Bauchmuskulatur an.
- Aus der Beinmuskulatur heraus heben!
- Die Last so nah wie möglich an den Körper bringen.
- Die Last wird zur Absetzstelle getragen.
- Bis zum Absetzen der Last die Rumpfmuskulatur unter Spannung halten!
- Absetzen!
- Umsicht beim Aufstehen: nicht am Kranhaken stoßen.

Mit geradem Rücken aus den Knien heben!

Kann ich nicht doch besser den Kran holen?

Ablauf eines Krantransportes

Ein Krantransport mit Hebezeugen oder Kranen läuft immer nach dem gleichen Schema ab:

- Vorbereitungen treffen:
  - Gewicht und Schwerpunkt der Last ermitteln,
  - geeignete Anschlagmittel (Lastschonung, stabile Aufhängung) und Kantenschutz bereitlegen,
  - Sichtkontrolle der Anschlagmittel,
  - Unterleghölzer und Keile am Abladeplatz bereitlegen,
  - Abladeplatz vorbereiten.
- Gewicht der Last dem Kranführer mitteilen.
- Kranhaken senkrecht über den Schwerpunkt der Last fahren lassen.
- Anschlagen der Last:
  - Anschlagmittel im Haken des Krans befestigen,
  - Last freimachen, falls noch verzurrt,
  - nicht benutzte Stränge hochhängen
  - Anschlagmittel, wenn nötig von außen fassen, halten und dabei langsam straffen lassen.

Das Objekt: Stufenträger für Stadionausbau, 25 m lang, 75 t mit 4 Betonankern, alle 4 Befestigungspunkte oberhalb der Schwerpunktlinie, Schwerpunkt mittig; Aufgabe: Einbaulagegerechtes Transportieren. Pro Stadionecke müssen 6 Träger eingebaut werden: Arbeit für Profis.

- Verständigung mit allen an dem Anschlagvorgang Beteiligten, Warnung aller Personen im Transportbereich und ggf. Absperrmaßnahmen im Gefahrenbereich unter der Kranbahn bis zur Abladestelle. Hängende Lasten dürfen nicht über ungeschützte Bereiche, wo sich gewöhnlich Beschäftigte aufhalten, bewegt werden.
- Verlassen des Gefahrenbereichs.
- Zeichengeben an den Kranführer durch nur eine einzige Person.
- Beim probeweisen Anheben beobachten, ob:
  - die Last sich verhakt oder festsitzt,
  - die Last in Waage ist,
  - alle Stränge gleichmäßig tragen.
- Schiefhängende Lasten wieder absetzen und anders anschlagen.
- Transport der Last durch den Kran.
- Beim Transport von sperrigen Teilen oder bei Windlast führt man die Last vorausgehend außerhalb des Gefahrenbereichs mit einem Leitseil.
- Das Absetzen der Last geschieht nach Absprache mit den Beteiligten ohne:
  - Notausgänge zu blockieren,
  - Verkehrswege zu verstellen,
  - und mit Einhaltung der Mindestabstände zu gleisgebundenen Fahrzeugen oder Kranen von 0,5 m,

(Fortsetzung auf nächster Seite)

Wieder absetzen und linke Rundschlinge nach links verschieben.

Wenn was schief hängt, hänge ich lieber um!

Das Leitseil wird angebracht. Absturzgefahr!

- Sicherung der Last gegen Umstürzen, Auseinanderfallen bzw. Wegrollen nach dem Transport vor dem Entfernen des Anschlagmittels,
  - Entfernen der Anschlagmittel,
  - Hochhängen der Haken der Anschlagmittel in das Aufhängeglied.

➜ Die nun unbenutzten Anschlagmittel dürfen sich nicht beim Hochfahren an der eben abgesetzten Last oder anderen gelagerten Lasten verhaken können.

Ein gefährlicher Rückweg nach dem Entfernen der Anschlagmittel. Anseilen!

Hochgehängte, nicht benutzte Kettenstränge. Aber: Links liegt ein Kettenverbindungsglied an der Kante.

Die vier Grundregeln beim Anschlagen

Befestigung am Kranhaken und an der Last

Die Last soll stabil hängen und nicht eigenmächtig rotieren.

Beim Befestigen mehrerer Stränge an der Last sollen die Spitzen der Haken nach außen zeigen, sodass nach dem Schlaffwerden der Anschlagmittel die Haken noch sicher in Position bleiben. Niemals darf der Haken nur knapp an den Rand eines Behälters gelegt werden. Die abrutschsichere Befestigung des Hakens an der Last verhindert Lastabstürze!

So rutscht das Seil durch den Schäkel! Keine stabile Lastaufhängung und Gefahr des Losdrehens des Schäkelbolzens.

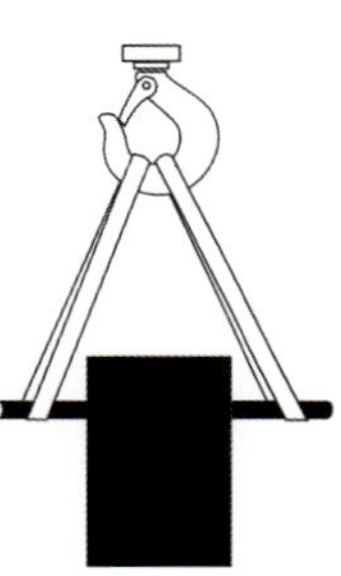

So ist das Durchrutschen durch den Kranhaken verhindert.

In die Umschnürung einer Last hängt man nie ein!

S-Haken dienen nur zum Anlüften der Last, um die endgültigen Anschlagmittel befestigen zu können!

Schonung der Anschlagmittel

Anschlagmittel direkt an den Kanten der Last können z. T. die Last beschädigen; andererseits kann das Anschlagmittel beschädigt werden.

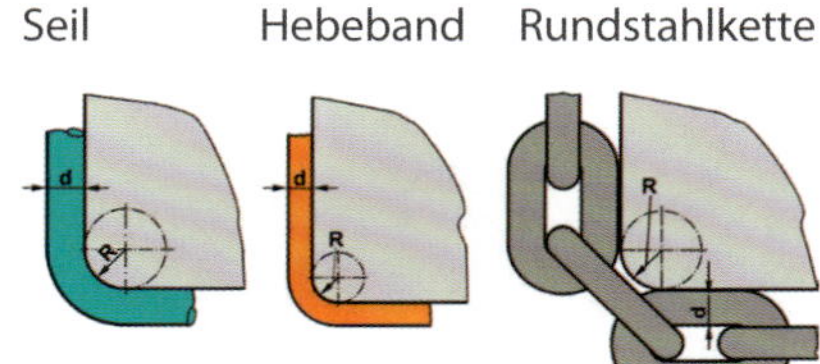

Von einer scharfen Kante spricht man bei R < d. Das bedeutet, eine Kante ist scharf, wenn der Radius der Kante kleiner ist als der Durchmesser bzw. die Dicke des Anschlagmittels.

Wenn der Kantenradius kleiner ist als der Durchmesser des Anschlagmittels, spricht man von einer **scharfen Kante.** Ketten, Seile, Hebebänder und Rundschlingen dürfen nicht über scharfe Kanten gezogen oder gespannt werden.

Zum Kantenschutz befestigt man Kantenschoner an der Last oder aber man verwendet einen Kantenschutz, der direkt um die Anschlagmittel gelegt wird.

Der Übergang der Seilpresshülsen zum Seil darf nicht an die Kanten der Last, in den Lasthaken oder in die Bucht der Schnürung gelegt werden.

Der Rödeldraht bündelt nur die Kette. Verbot, am Draht zu transportieren.

Verdrehte Ketten sind vor dem Anheben auszudrehen, Seile und Ketten dürfen nicht durch Drehen gespannt oder verkürzt werden.

Anschlagmittel dürfen nicht geknotet werden und nicht durch Knoten miteinander verbunden werden. Dabei ist nur bei Rundschlingen statt-

So nicht!

haft, dass man sie durch mehrfaches Einlegen in den Kranhaken verkürzt. Dabei müssen jedoch die Windungen nebeneinander und dürfen nie aufeinander liegen!

Immer muss das Aufhängeglied oder die Schlaufe des Anschlagmittels für den jeweiligen Kranhaken groß genug sein: zu kleine Aufhängeglieder, die nur auf die Hakenspitze passen, drohen herauszurutschen und belasten den Haken an der Spitze oder werden aufgeweitet.

Dieses Aufhängeglied ist zu klein für den Kranhaken. Reduziergehänge mit großem A-Glied verwenden!

Richtiges Lagern

Abgeladen wird auf dafür vorbereitete, geeignete Plätze meist auf Unterleghölzern, ohne Verkehrswege zu stören oder Notausgänge zu blockieren. Beim Absetzen von Lasten auf Gerüste, Lagerböden, Dächer und Fahrzeuge müssen deren Tragfähigkeiten ausreichend sein. Es soll nichts herabfallen können!

Nichts abstellen oder lagern!

Rundes Material muss gegen Abrollen gesichert werden.

Beim Lagern in Hürden oder zwischen Rungen darf man Lasten nicht über deren Spitzen hinaus einlagern. Stapelfähige Güter dürfen höchsten drei- bis viermal so hoch gestapelt werden, wie sie breit sind.

Viele gleiche Einzellasten sollen möglichst versetzt im Verband gestapelt werden.

So hoch staple ich nie!

Bei dieser Kleidung ist der Mann hinter der Last kaum erkennbar!

Geeigneter Standort des Anschlägers

Von einem Anschläger wird viel erwartet: Die Last soll an- oder abgehängt werden, sei es neben einer Grube, am Hafenkai, auf Lagerbühnen oder anderen hoch gelegenen Arbeitsplätzen, wie z. B. beim Dachdecken. Zum Teil liegen die Anhängepunkte bei Maschinen oder Anlagen sehr hoch und können nur über Leitern erreicht werden. Die bewährten Regeln für „Lagerbühnen und andere hoch gelegene Arbeitsplätze", die ehemalige Unfallverhütungsvorschrift „Leitern und Tritte" oder auch DGUV I 201-047 „Gerüstbauarbeiten" einzuhalten beseitigt nicht alle Gefahren: Es sind die zusätzlichen Gefahren durch die Lastbewegung, die hinzukommen.

Häufig sind gelagerte Bauteile auf Baufirmen-Lagerplätzen anzuhängen, die hoch gestapelt liegen, wie z. B. die Schüsse von Turmdrehkranen. Wie groß ist da die Versuchung, dass man während des Hubs oben bleibt, um für den nächsten Hub gleich bereitzustehen! Man vermeidet damit das ständige Auf- und Absteigen, aber um welchen Preis!

Unfallbeispiele:
Beim Heben einer Turmdrehkran-Auslegerspitze, die in 2 m Höhe auf einer Lage von Turmschüssen lag, konnte mit einer einzigen Rundschlinge die Last pendeln und hat sich beim Hub verhakt. Der Anschläger blieb auf 2 m Höhe auf den gelagerten Teilen stehen, als er das Zeichen zum Anheben gab. Als sich bei halb gehobener, schräg stehender Last die Verhakung löste, flog das Teil herum und tötete den im Gefahrenbereich stehenden jungen, unerfahrenen Anschläger.

Das Fußteil links hatte sich verhakt und nur die rechte Seite stieg hoch hinauf – an nur zwei Lastaufhängepunkten angeschlagen konnten die Kranschüsse beliebig wippen und zurückschlagen. Ein langes Vierstranggehänge mit vier Haken und vier kurze Rundschlingen zum Schonen der Oberfläche der Neuproduktion hätten ein Leben gerettet. Das Verlassen des Gefahrenbereichs auch.

Beim Annehmen einer heranschwebenden Last neben einer Schiffsluke versuchte ein Anschläger, die Last vor dem Absetzen an sich zu ziehen. Er verlor das Gleichgewicht und stürzte in die Luke.

Ein anderer Anschläger stand beim Öffnen der Fahrzeugklappe im Gefahrenbereich, von dem er abladen sollte. Während der Fahrt war die Last jedoch verrutscht, nach dem Öffnen der Klappe fiel die Ladung herunter und erschlug den Anschläger.

Was ich fürchte, ist die Last über mir, die Wand hinter mir und die Grube vor mir!

In der DGUV V 1 „Grundsätze der Prävention" schreibt § 18 vor: *„Versicherte dürfen sich an gefährlichen Stellen nur im Rahmen der ihnen übertragenen Aufgaben aufhalten!"*
An gefährlichen Stellen, insbesondere unter schwebenden Lasten, in Fahr- und Schwenkbereichen von Fahrzeugen und ortsveränderlichen Arbeitsmaschinen sowie in unübersichtlichen Verkehrs- und Transportbereichen gilt damit ein Aufenthaltsverbot.
Auch ein Lastabsturz direkt vor die Füße kann eine solche Schreckreaktion auslösen, dass der Anschläger nach hinten stürzt und sich tödlich verletzt.

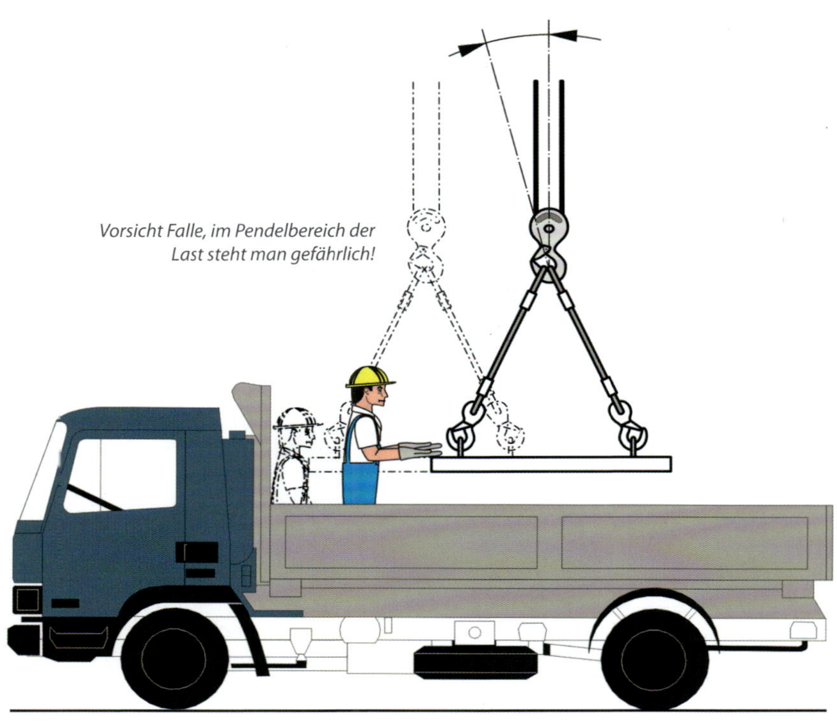

Der Kranführer *soll* Lasten nicht über Personen hinweg führen. Benutzt er Lastaufnahmeeinrichtungen, welche die Last durch Magnet, Reib- oder Saugkräfte ohne zusätzliche Sicherung halten, *darf* er die Last nicht über Personen hinweg führen. Entsprechend dieser Vorschrift für den Kranführer darf sich keine Person in diese Bereiche hineinbewegen! Bei der Beurteilung der Gefährlichkeit eines Standorts muss die ungewollte Lastbewegung, wie das Lastpendeln oder auch das Umkippen von Lasten oder Stapeln berücksichtigt werden!

Tragfähigkeit – WLL („Working load limit"): Fremdwörter für den Anschläger?

Man hebt mit **Lastaufnahmeeinrichtungen** (Sammelbegriff), seien es die **Tragmittel** im Hebezeug, die **Lastaufnahmemittel** als Zangen, Magnete oder Traversen oder die Anschlagmittel als Einrichtungen zum Anschlagen von Lasten, z. B. Ketten, Seile, Hebebänder.

Die **Nutzlast** ist die tatsächliche an ein Hebezeug anzuhängende Masse, wenn man von der **Nennlast** des Hebezeugs oder des Krans noch das Gewicht der Traverse, Zange oder des Greifers abzieht.

Für den Kranführer und den Anschläger ist nur eines wichtig: die **Tragfähigkeit** auf dem Typenschild oder Anhänger. In Europa nennen wir die Tragfähigkeit **WLL**, d. h. englisch **W**orking **L**oad **L**imit, zu deutsch: Hublastgrenze.

Dieser Begriff ist leicht zu lernen, denn es steckt eine wichtige Erkenntnis dahinter:

Die **Tragfähigkeit** oder WLL ist die **ruhende Masse**, die vom Anschlagmittel höchstens aufgenommen werden darf – siehe den Anhänger an der Kette, am Seil oder das Etikett an Hebebändern und Rundschlingen. Die Tragfähigkeit gilt für ein Produkt unverändert vom Neuzustand bis zur sogenannten Ablegereife, also bis es zerschlissen ist.

Die zulässige Kraft im Anschlagmittel entspricht bei einem gleichmäßig belasteten System dann der gesetzlich vorgegebenen Bemessung. Darin ist bereits eingerechnet, dass die Anschlagmittel etwas verschleißen und dadurch die Bruchkräfte abnehmen.

Weit höhere Kräfte entstehen jedoch durch die Hubdynamik, den Impuls beim Anfahren des Krans oder des Hebezeugs, beim Verfahren der Last und noch weit mehr Kräfte beim Abbremsen während des Herablassens. Immer entstehen zusätzliche dynamische Kräfte, die auch in der Bemessung bereits eingerechnet sind.

Im extremen Fall fährt ein Erdbaumaschinenführer mit einer Last am Baggerhaken über eine unebene Baustelle, und enorm starke Impulse

Kraftimpulse beim Hub eines Kettenzugs. Die rote Linie entspricht der Tragfähigkeit bei ruhender Masse.

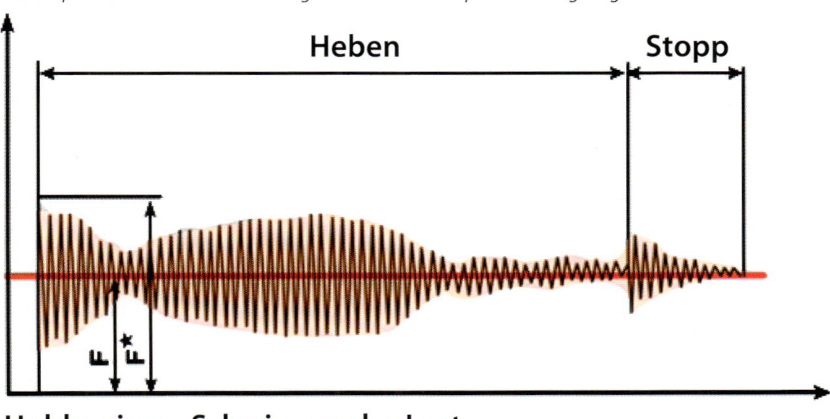

belasten das Anschlagmittel zusätzlich. All dies steckt mit drin in unserem „Tragfähigkeitsfaktor" – deswegen ist es völlig verfehlt, wenn man diesen Bemessungsfaktor als Sicherheitsfaktor auffasst und er sich darauf verlässt, dass er hier etwas „überlasten" könnte. Er sollte deshalb bei starken Schwingungen ein stärkeres Anschlagmittel wählen, was auch der Lebensdauer dient und damit dem wirtschaftlichen Einsatz entspricht.

Zusatzkräfte entstehen durch den Saugeffekt, wenn eine Betonplatte oder eine Fertigteilgarage im nassen Lehmboden stehen oder z. B. im Frühjahr noch festgefroren sind. Bei Nässe und nach Bodenfrost erst freihebeln!

Festgefroren?

Die Zusatzkräfte übersteigen die zu transportierende Masse erheblich! Beim Herausnehmen von Grabenverbauplatten müssen diese erst freigearbeitet werden – die Klebkräfte übersteigen die eigentliche Masse auch hier deutlich. Ebenfalls ist beim Spundwändeziehen die eigentliche Masse der Spundwände unerheblich – wir brauchen stärkere Anschlagmittel, um die Reibkräfte zu überwinden!

Die Belastbarkeit wird oft weit überschritten, wenn Lasten sich verhakt haben und verbotswidrig das Verhaken mit Gewalt überwunden werden soll: Es handelt sich hierbei um das Losreißen festsitzender Lasten, das entsprechend der Unfallverhütungsvorschrift „Krane" verboten ist.

Sind Zusatzkräfte zu erwarten, müssen wir die Anschlagmittel auf diese zusätzlichen Kräfte auslegen und dürfen uns keineswegs darauf beschränken, blauäugig zu behaupten: „Die Last war doch nur 2 t schwer!"

Handzeichen

Häufig arbeiten zwei Anschläger zusammen. Dabei steuert einer den Kran und der andere kann dann die Anschlagmittel befestigen. Bei großen Entfernungen oder bei der Zusammenarbeit mit dem Kranführer eines Turmdrehkrans muss man sich mit Handzeichen verständigen. Diese Handzeichen sind für die Teamarbeit unbedingt wichtig, insbesondere wenn

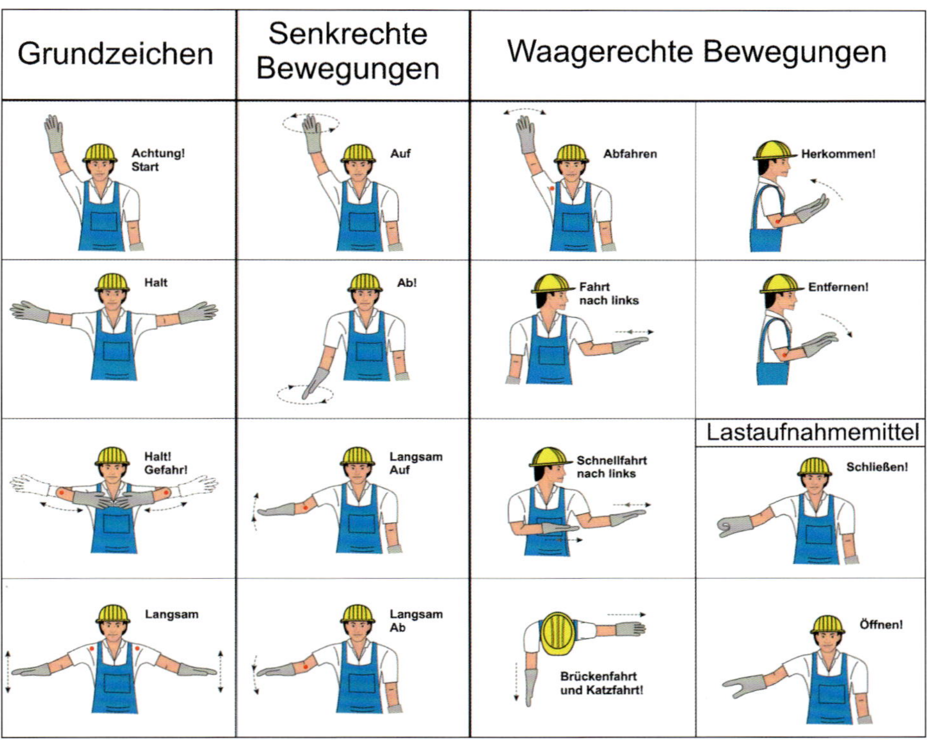

Handzeichen nach DIN 33409 „Sicherheitsgerechte Arbeitsorganisation; Handzeichen zum Einweisen"

der Kranführer die Lastaufnahmestelle oder aber die Lastabsetzstelle nicht sehen kann und der Anschläger ihn einweist. Arbeiten mehrere Anschläger gemeinsam, muss man sich einigen, wer dem Kranführer die Zeichen gibt. Der für das Zeichengeben Verantwortliche muss eindeutige und gut sichtbare Zeichen geben. Dazu stellt er sich z. B. in Gängen oder in der Halle so auf, dass seine Handzeichen für die Katzfahrt oder Brückenfahrt vom Kranführer zugeordnet werden können.

Jedes Zeichengeben beginnt mit dem hoch gehobenen Arm, um Blickkontakt mit dem Kranführer aufzunehmen und ihm zu signalisieren: Jetzt geht es los!

Dazu muss die Last sicher angeschlagen sein. Der Anschläger wie auch seine Kollegen müssen den Gefahrenbereich verlassen haben.

Für das Zeichengeben von Hand haben sich in der Praxis Regeln eingespielt, die in DIN 33409

„Sicherheitsgerechte Arbeitsorganisation; Handzeichen zum Einweisen" zusammengefasst sind.

Im hauptsächlich bewegten Gelenk des Einweisers zeigen die Handzeichen in der oben stehenden Tabelle (wie in der Norm) einen Punkt.

Auf diese Handzeichen soll man sich vorher verständigen und sie einüben.

Wenn der Kranführer die Last nicht sehen kann, ist er ohne Handzeichen des Anschlägers hilflos!

Achtung! Gleich geht's los!

Die ein- und mehrsträngige Aufhängung

Einsträngig aufzuhängen ist am einfachsten und auch leicht zu berechnen: Die Last darf die Tragfähigkeit des Einzelstrangs nicht überschreiten. Aber, und hier liegt die Gefahr, die Last kann sich drehen oder kippen und auch leichter pendeln.

Zum sicheren einsträngigen Anschlagen benötigt man

- einen Anschlagpunkt oder eine Ösenschraube an einem Motor oder Getriebe,
- eine gute Befestigungsmöglichkeit, die bereits bei Hubbeginn oben über dem Schwerpunkt liegt – vermeidet Kippen.
- Ein Leitseil vermeidet das Drehen von Langgut, das in einem Lagergang transportiert werden soll.

Der Vorteil: Die einsträngige Anschlagart nutzt die Tragfähigkeit des Anschlagmittels vollständig aus.

Solide angeschweißte Anschweißöse an Rohteil.

Sicherer jedoch sind mehrere Stränge! Doch aufgepasst: Bei mehreren Strängen ergeben sich Neigungswinkel. Damit entsteht möglicherweise eine ungleiche Belastung der einzelnen Stränge. Wie gehen wir vor?

Fall 1:
Mehrsträngiges Anschlagmittel
Prüfen der Tragfähigkeit. Sie nimmt ab, je größer der Neigungswinkel wird. Je schräger das Anschlagmittel von der Last zum Kranhaken verläuft, desto stärker wird es belastet. Deshalb ist an jedem Anschlagmittel ein Anhänger für die beiden Tragfähigkeiten bei 45° und bei 60°.

Fall 2:
Mehrere Einzelstränge in einem Haken
Hängen an einem Doppelhaken zwei einzelne Stränge mit einem Neigungswinkel von 60°, ist deren Gesamttragfähigkeit nur so groß wie bei einem einzelnen senkrecht hängenden Strang. Bei 45° ist sie 1,4-mal so groß wie die Einzelstrangtragfähigkeit.

Einstrang-symbol

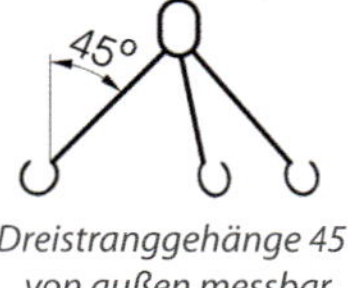

Dreistranggehänge 45° von außen messbar

Der Könner orientiert sich am Neigungswinkel, denn er ist von außen leicht messbar. Und noch etwas ist wichtig beim Aussuchen der richtigen Anschlagmittel: Die angegebene Tragfähigkeit berücksichtigt die nach unten wirkende Gewichtskraft der in Ruhe befindlichen Last (Schwerkraft) und die üblichen normalen im Hebezeugbetrieb auftretenden Zusatzkräfte durch den Hebevorgang. Reibkräfte beim Ausschalen und starke Schwingungen erfordern stärkere Anschlagmittel!

Dieser Anschlagpunkt darf in alle Richtungen entsprechend der Tragfähigkeit belastet werden.

Bei paarweisem Benutzen von gleichen (oder sogar bewusst ungleichen, unterschiedlich langen) Anschlagmitteln ergeben sich Überlastungsprobleme, wenn der Schwerpunkt nicht mittig liegt. Bei ungleicher Lastverteilung trägt der am steilsten belastete Strang die höchste Last.

In diesem Kapitel wollen wir uns deswegen intensiv mit den Winkeln beschäftigen.

Warum benutzt man nun den Neigungswinkel? In ganz Europa arbeitet man heute mit dem von außen ablesbaren Neigungswinkel β. Es ist der Winkel zwischen der Senkrechten und einem Strang des Anschlagmittels.

Tragfähigkeitsreduzierung durch Neigungswinkel				
	0° (bis max. 6°)	bis 45°	45° bis 60°	über 60°
Neigungswinkel				
	β = 0°	β = 45°	β = 60°	β = 80°
Kräfte-Parallelogramm				
Gesamttragfähigkeit	= 100 % der Einzelstrang-tragfähigkeit x 2	= 70 % der Einzelstrang-tragfähigkeit x 2	= 50 % der Einzelstrang-tragfähigkeit x 2	= 17 % der Einzelstrang-tragfähigkeit x 2
Tragfähigkeit beider Stränge bei den angegebenen Winkeln:				
10 mm-Rundstahlkette Güteklasse 8	2 x 3200 kg = 6400 kg	2 x 2250 kg = 4500 kg	2 x 1600 kg = 3200 kg	Verwendung verboten!

Man kann ihn neben der Last stehend ablesen, ohne auf die Last zu steigen.

Der veraltete, früher übliche Spreizwinkel befindet sich in der oberen Mitte des Anschlagmittels und hat den Nachteil, dass er nur bei zweisträngigen Gehängen messbar ist.

Grundsätzlich gilt das Gleichgewicht der Kräfte zwischen Kran und Last beim sicheren Heben. Die nach unten wirkende Gewichtskraft der Last wird über die nach oben wirkenden Kräfte durch das Anschlagmittel aufgenommen und an den Kran weitergeleitet.

Der angegebene falsche Winkel von 80° in der Tabelle ist nur ein Beispiel.

Ein Unfallbeispiel:
Ein Arbeiter, der ein 5 m-Seil mit zwei Haken über eine 5 m-Platte spannte, hing dieses dann mittig (durchrutschgefährdet!) in den Kranhaken ein. Nachdem er die Platte mehrere Meter hoch angehoben hatte, wurde das Seil durch diese extreme Belastung aus der Endverbindung herausgerissen. Die Platte erschlug ihn.

Anschlagen mit Traversen

Traversen vermeiden oder verringern zumindest die Winkel. Man kann dadurch die Tragfähigkeit der Anschlagmittel besser ausnutzen. Die Traverse belastet jedoch zusätzlich den Kran. Deshalb ist das Eigengewicht auf dem Typenschild gekennzeichnet. Von der Tragfähigkeit des Krans muss es abgezogen werden. Beispiel: Ein 3 t-Kran mit 150 kg schwerer Traverse trägt noch 2 850 kg.

Häufig hängen Traversen am Doppelhubwerk und damit immer waagerecht. Aber Achtung! Die anderen Traversen pendeln um ihren Aufhängepunkt und können sehr kippempfindlich sein. Kranhaken vor dem Hub unbedingt über den Schwerpunkt der Last fahren lassen. Vor dem Heben den Gefahrenbereich verlassen!

Viele Lasten, wie die Gitterboxpaletten der Bundesbahn dürfen nur mit Traversen gehoben werden, weil sie sonst verbiegen. Bei ähnlichen Lasten fragt sich der Anschläger: „Ist das überhaupt kranbar?“ und erkundigt sich im Zweifel bei seinem Meister.

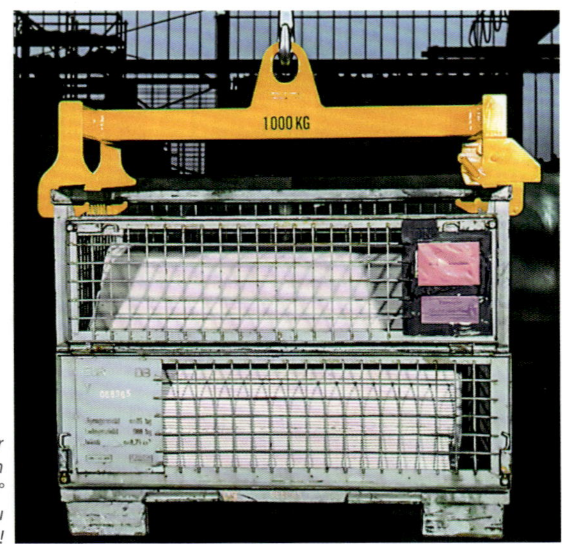

Bahntransportbehälter mit Sondertraverse. Ein Vierstranggehänge mit 60° Neigungswinkel leitet zu große Seitenkraft ein!

Die zweisträngige Aufhängung

Hat man jedoch keine Traverse oder hängen mehrere Zweistranggehänge an einer Traverse und müssen eine Last mit nicht bekanntem Schwerpunkt aufnehmen, ergibt sich eine ungleiche Lastverteilung auf die Stränge. Jeder der beiden Stränge muss die Last alleine tragen können!

Kette in Güte 10 mit Anhänger für zwei Winkelbereiche

Nur wenn die Last gleichmäßig mit den zwei Strängen angeschlagen wird, gilt die Tragfähigkeit auf dem Anhänger.

Beim Neigungswinkel 60° werden starke waagerechte Kräfte in die Last eingeleitet. Ein großer Neigungswinkel von 60° bedeutet insbesondere bei Vollausnutzung der Tragfähigkeit, dass man besondere Obacht auf den Kantenschutz und auf die Einschneideffekte an den Kanten der Last geben muss.

Zwei Stränge mit 60°

Die drei- und viersträngige Aufhängung

An Drei- und Viersträngen hängen auch große Lasten wie z. B. Werkzeugmaschinen oder Betonteile stabil, aber nur zwei Stränge dürfen als tragend angenommen werden.

Nur dann, wenn wirklich sicher ist, dass sich die Last auch auf die anderen Stränge verteilt, darf man die höheren Tragfähigkeiten für den Drei- oder Vierstrang nutzen. Wenn die Last offensichtlich ungleich verteilt ist, gilt nur die Tragfähigkeit des Einzelstrangs!

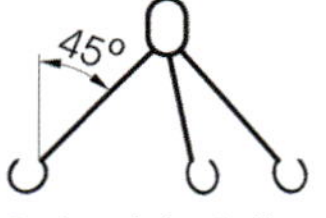

Drei und vier Stränge mit 45°

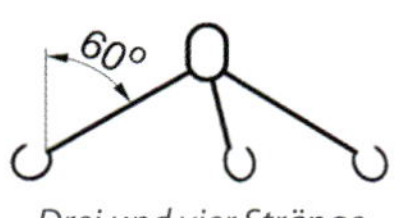

Drei und vier Stränge mit 60°

Die Neigungswinkel drei- und viersträngiger Anschlagmittel beziehen sich auf den Raumwinkel vom Befestigungspunkt zum Kranhaken. Man misst, indem man den Winkelmesser (z. B. Rückseite der Tasche für die Tragfähigkeitstabellen) schräg zur Last so an den Strang hält, wie er vom Befestigungspunkt zum Haken geht.

Der Hängegang

Eine der gefährlichsten Anschlagarten ist der Hängegang mit zwei „U", weil hier die Last in einer Richtung nicht geführt wird und herausrutschen kann, wenn ein „U" höher hängt.

Man kann zwar mit dem Vierfachen der Einzelstrangtragfähigkeit arbeiten, aber nur wenn geeignete Absätze an den Werkstücken sind und ein Abrutschen durch ihre Gestalt verhindert ist.

So wie in der Skizze kann man sicher transportieren. Diese Anschlagart wird häufig verwendet, um Rohmaterial, wie Rohrbündel oder anderes Langgut, zu transportieren. Wenn die Ansatzpunkte weit genug in der Mitte sind bzw. nur quer verfahren wird, ist gegen dieses Verfahren nichts einzuwenden.

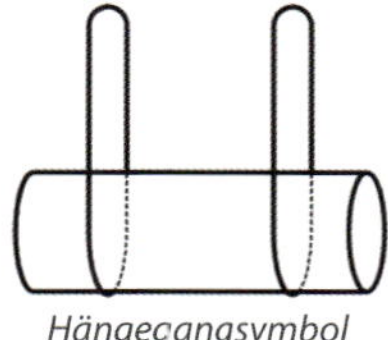

Hängegangsymbol

Grundsätzlich ist der Hängegang verboten, weil Lasten ohne Seitenhalt beim Bremsen in Fahrtrichtung herausschießen können.

Dazu sagt die DGUV R 100-500 „Betreiben von Arbeitsmitteln" Kap. 2.8 Abschnitt 3.6.2 Punkt 2. lapidar: *„Im Hängegang darf nicht angeschlagen werden! Ausgenommen ist der Anschlag langer, stabförmiger Lasten, sofern eine Schrägstellung der Last, ein Verrutschen der Anschlagmittel und ein Herausschießen der Last oder von Teilen der Last vermieden sind."*

Beim Hängegang hängt die Last nicht stabil; sie kann wegrutschen!

Nur in Sonderfällen kann man im einsträngigen Hängegang sicher transportieren, wie z. B. eine Kabeltrommel mit einem großen Loch, durch die das Anschlagmittel hindurchgesteckt wird.

Unter einer Traverse ist mit vielen parallelen Ketten im Hängegang das Durchhängen verhindert. Der Hängegang ist erlaubt, wenn quer verfahren wird.

Der Schnürgang mit einem Strang

Beim Schnürgang wird die Last vom Anschlagmittel umschnürt. Es entsteht eine mehr oder weniger große Klemm- und Reibwirkung: groß beim Drahtseil um eine trockene Holzbohle, klein bei einer Kette um ein geöltes Rohr!

Die Tragfähigkeit beträgt 80 % des Einzelstrangs.

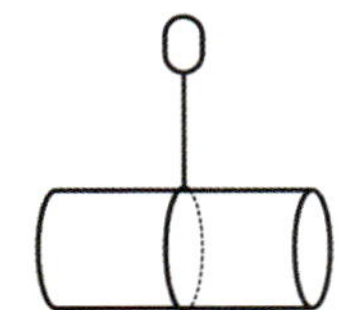

Schnürgang mit einem Strang

An gleicher Stelle sagt Abschnitt 3.6.2 Punkt 3. DGUV R 100-500: *„Lange schlanke Güter dürfen nicht in Einzelschlingen angeschlagen werden. Ausgenommen ist das Anschlagen von Einzelteilen bei Montagearbeiten, soweit dies die Art der Arbeit erfordert."*

Häufig muss ein Bauarbeiter einzelne Bohlen, Gerüstteile oder stabförmiges Montagematerial durch enge Luken oder Gerüstdurchbrüche in Bauwerke einfädeln. Bei Montagearbeiten, und eben nur dann, ist dieser Anschlag statthaft, bei dem die Last sich beliebig um den Schnürpunkt drehen und kippen kann. Gerade beim senkrechten Einfädeln ist wichtig, dass die Last genügend Halt hat und nicht herausrutschen kann.

Schnürt man eine 1 t-Ringkette um die Last und legt beide Aufhängeringe in den Kranhaken, ergibt sich eine Gesamttragfähigkeit von 1600 kg. Man muss zwar den Trägfähigkeitsverlust am Schnürpunkt berücksichtigen, aber nichts kann verrutschen.

Zwei Einstrang-Ringketten: schnell – und keine Hakensicherung kann beschädigt werden.

Schnürgang mit zwei Strängen

Der Schnürgang mit zwei Strängen an einem Kranhaken ist auf Baustellen, im Hafen, bei der Profileisenverladung und fast überall das sicherste Verfahren. Der Schnürgangeinfluss (0,8) und der Neigungswinkeleinfluss (0,7 bis 45°) wirken hier zusammen. Es ergibt sich eine Gesamttragfähigkeit von 2 x 0,8 x 0,7, also die 1,12-fache Einzelstrangtragfähigkeit.

Kranzketten, Grummets und Rundschlingen

Ganz anders ist es bei endlosen Anschlagmitteln: Eine Rundschlinge, ein Grummet oder eine Kranzkette bieten keine Sicherung gegen seitliches Durchrutschen im Kranhaken!

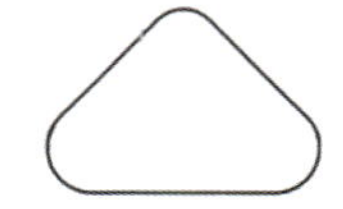

Endloses Anschlagmittel

Bei endlosen Drahtseilen, also Grummets, Rundschlingen sowie endlosen Hebebändern gilt die auf dem Anhänger und in den Tabellen angegebene Schnürgangtragfähigkeit von 80 % der Einzelstrangtragfähigkeit.

Das sichere Einhängen in den Kranhaken

Am Hebezeug oder am Kran befinden sich oft zu enge Haken. Drei oder sogar vier Anschlagmittel überfüllen das Hakenmaul. Die Stränge tragen ungleichmäßig, weil sie sich überkreuzen, umeinander gedreht sind oder – noch schlimmer – übereinanderliegen.

Seil-, Ketten-, oder Rundschlingengehänge mit einem Aufhängering benötigen weniger Platz im Haken.

Zu wenig Platz! So wird die unterste Rundschlinge zerdrückt und wird zerquetscht oder sogar unter Last aufschmelzen.

Zur Lastverteilung dienen die Zwischenglieder.

Durch einen Probehub sieht der Anschläger, wenn ein Strang durchhängt und nicht trägt.

Das gleichmäßige Tragen erreicht man durch Umhängen bzw. Korrektur der Länge der einzelnen Stränge.

Weitere Tipps zur Längenanpassung der Stränge:

- Kettenverkürzer
- Spindelspanner
- Kombinationsanschlagmittel mit Ketten
- Spezialaufhängeköpfe für Bänder
- Doppelhaken am Kran
- Zweistrangzwischengehänge
- Zwischengehänge mit Doppelhaken
- Kettengehänge mit Ausgleichswippe

Im Massenumschlag mit Schnittholz bewährt: Durch das kurze Faserseil bildet sich eine genügend enge Schlinge, die Reibkräfte bewirkt. Ketten-Faserseil-Kombination zur Beladung von Seeschiffen. Durch diese Kombination wird der Kranhaken nicht überfüllt.

Einhängen von Endlosanschlagmitteln in Doppelhaken

Doppelhaken an der Unterflasche erscheinen als das Allheilmittel zur guten Lastverteilung. Sie befinden sich aber unter dem Seiltrieb. Deshalb sind Regeln beim Einhängen zu beachten, um den Seiltrieb zu schonen.

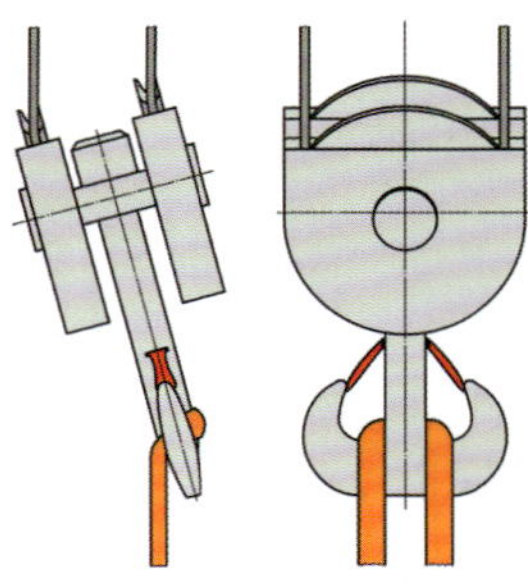

Auch beim einsträngigen Anhängen kann man Fehler machen. Bei schief hängender Unterflasche kommt beim Heben Drall in den Seiltrieb. Die Unterflasche wird sich zukünftig drehen. Neues Seil einbauen – hoher Sachschaden!

Einseitige Belastung führt zum Schiefhängen! Schiefhängende Rollen laufen einseitig am Seil und geben Drall in das sich aufwickelnde Seil. Dieser Drall bleibt im Seil und führt zum Verdrehen der Unterflasche. Verdrehte Unterflaschen erzeugen Reibung im Seiltrieb und zerstören frühzeitig die teuren Kranseile.

Deshalb:

- Beide Seiten gleichmäßig belasten!
- Kein endloses Anschlagmittel um den Schaft legen!

Am einzelnen Seil beginnt eine Last zu rotieren – abhängig vom Seiltyp. Benutzt man noch gespleißte Seile, kann sich der Spleiß aufdrehen.

Um das Rotieren zu vermeiden, immer zwei Seile benutzen oder ein Leitseil anbringen.

Ketten (korrekt ausgedreht!), Rundschlingen und Hebebänder führen nicht zum selbsttätigen Rotieren der Last.

Rotation der Last

Eine rotierende Last, die man selbst von Hand in Schwung gebracht hat, kann man nicht von Hand wieder anhalten: der Schwung des langen Weges, den man der Last mitgegeben hat, kann niemand von Hand kurz abstoppen.

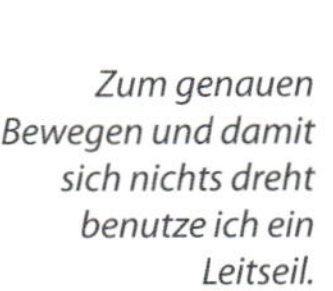

Auswahl der Anschlagmittel

Die anschließenden Beispiele beziehen sich alle auf ein Anschlagmittel mit 1 t Tragfähigkeit im Einzelstrang. Folgende Möglichkeiten zum einsträngigen Anschlagen einer Einzellast von 1 000 kg stehen zur Verfügung:

- Naturfaserseil aus Manila 36 mm ø
- Naturfaserseil aus Hanf 32 mm ø
- Chemiefaserseil 24 mm ø
- Rundstahlkette Güteklasse 2: 10 mm-Kette
- Rundstahlkette Güteklasse 8: 6 mm-Kette (mit Reserve!)
- Drahtseil 10 mm ø

Nicht nur die Tragfähigkeit, sondern viele andere Gründe sind entscheidend für die Auswahl der Anschlagmittel.

Stahldrahtseile

In vielen Betrieben ist auch heute noch das Anschlagseil die erste Wahl: preisgünstig, schmiegsam, lastschonend, geeignet für Lasten mit glatten, öligen oder rutschigen Oberflächen. Es ist leicht und zeigt seine Verschleißmerkmale leicht sichtbar (und fühlbar!). Es ist aber auch deshalb so sicher, weil viele Drähte in den 6 bis 8 Litzen gemeinsam tragen.

Die Tragfähigkeit eines Stahldrahtseils ergibt sich entsprechend seinem Durchmesser und der Machart. Der Durchmesser wird diagonal über zwei Litzen gemessen. Die Belastungstabellen sind eine Hilfe, um über den Durchmesser die Tragfähigkeit zu bestimmen. Dabei unterscheidet sich das normale Litzenseil vom feindrähtigen, biegsamen Kabelschlagseil. Jede Litze eines Kabelschlagseils besteht selbst aus einem Seil.

In den allgemein gültigen Tabellen sind die üblichen Mindesttragfähigkeiten angegeben, weil der genaue Seilaufbau nicht bekannt ist. Die

Seilgleithaken zum Bündeln schonen die Seile

Litzenseil mit 8 Litzen links, noch geschmeidigeres Kabelschlagseil rechts

Angabe auf dem Tragfähigkeitsanhänger durch den Hersteller entsprechend der Berechnungsnorm ist oft höher, weil sie präzise auf das tatsächlich verwendete Seil abgestimmt ist.

Stahldrahtseile als Anschlagseile müssen einen Durchmesser von mindestens 8 mm haben. Dies ist Vorschrift, weil sonst das Seil beim heftigen Anstoßen an Boden, Wand oder andere harte Gegenstände zerquetscht werden könnte.

Jedes Seil nimmt Schaden, wenn es an einer zu scharfen Kante liegt und das Seil dauerhaft geknickt wird. Auch Verdrehungen unter Last nimmt ein Seil übel, es bilden sich Klanken.

Ist der Seilverbund gestört, wirken die Drähte nicht mehr „als Familie" gemeinsam, sondern wenige Drähte einer verformten Litze müssen fast alles tragen und die Litze bricht durch Überlastung. Sodann beginnt das gleiche Spiel bei der nächsten Litze.

Die Bruchkraft eines zuvor geknickten Seils beträgt nur noch 50 %!

Zusatzeffekt: Ein gebrochener Einzeldraht kann in einer geknickten Litze nicht wieder so eingeklemmt werden, dass er eine Litzenwindung weiter wieder trägt. Die zwei Enden stehen hervor, das Seil wird zum „Besen".

Das Seil ist ablegereif, man darf es nicht mehr benutzen.

Durch Knick unbrauchbar! 50 % Bruchkraftverlust.

Klanke im Drahtseil mit einem Drahtbruch. Ablegen!

Ein Seilriss erfolgt nie ohne vorherige Warnung durch Einzeldrahtbrüche, er kündigt sich vorher an!

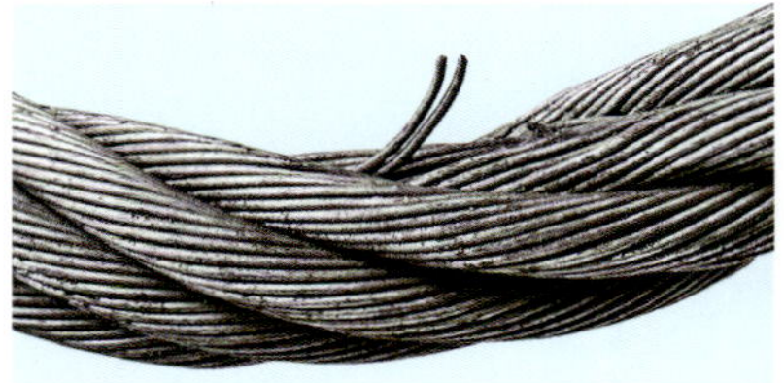

2 Drahtbrüche auf 6 d: Durch Hinundherbiegen mit kleiner Zange entfernen.

3 Drahtbrüche auf 6 d: Fleischhaken entfernen.

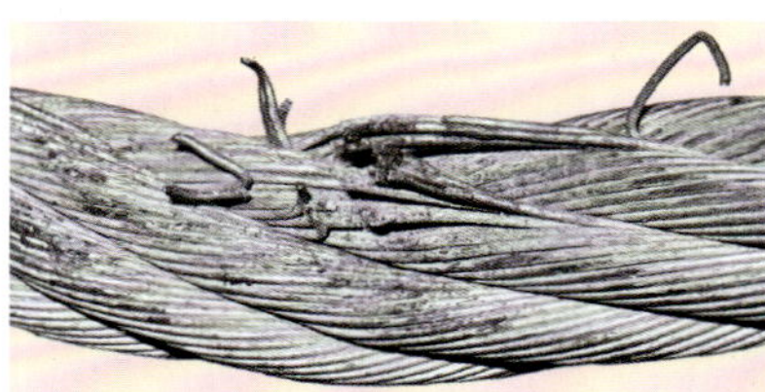

Drahtbruchnest mit mehr als 6 Drahtbrüchen: Ablegen!

Litzenbruch! So weit hätte es nicht kommen dürfen! Schon längst ablegereif.

Durch falsche Befestigung nah einer Kante Seil zerstört: Ablegen!

Seilart		Anzahl sichtbarer Drahtbrüche bei Ablegereife auf einer Länge von		
Litzenseil	N	3*	6	14
Kabelschlagseil	K	10	15	40
Grummet	G	10	15	40

** benachbarte Drähte einer Litze*

Seilendverbindungen

Die ordnungsgemäßen Seilendverbindungen für Anschlagseile sind:

- Verpressungen
- Spleiße mit oder ohne Umwicklung zum Handschutz
- Seilendverbindungen mit Drahtseilklemmen (zur Kurzzeitbenutzung während einer Schicht)

Knoten sind durch das scharfe Knicken der Seile nicht geeignet und daher unzulässig.

Ordnungsgemäße Verpressungen erkennt man an der Verpresserkennzeichnung auf der Presshülse. Die Presshülsen sind meist aus Aluminium. Ein aus zwei Buchstaben bestehender Code ermöglicht, nachträglich den Seilhersteller zu erkennen. Bei NIRO-Seilen besteht die Pressklemme üblicherweise aus Kupfer.

In dieser Position müssen die Seilklemmen beschädigt werden. Zusätzlich wird an der oberen Kante des Werkstückes das Seil beschädigt. So nicht heben!

Seilschlaufe für den Betonfertigteiltransport. Vollständig in das Gewinde eindrehen!

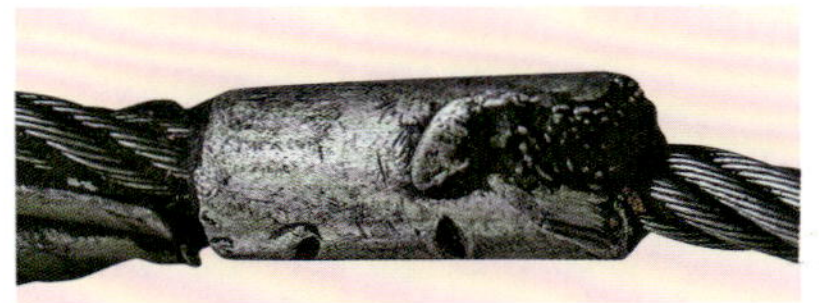

Durch gewaltsames Herausziehen unter Last Aluminiumpressklemme zerstört: ablegen!

Seile mit Stahlseele und Stahlpressklemmen werden oft mit „Flämischen Augen" hergestellt. Das sind Seilaugen, die durch gegenläufiges Ineinanderlegen von je drei Litzen des vorher aufgeteilten Seilendes entstehen. Mit dieser sehr sicheren Konstruktion verbindet sich eine höhere

Temperaturbeständigkeit. Im Stahlwerk sind nur temperaturbeständige Seile mit Stahlpressklemme geeignet, Aluminiumpressklemmen sollte man dort nicht benutzen.

Die **Benutzungstemperatur** von Seilen ist je nach Machart begrenzt: Temperaturen bis 100° C sind kein Problem, darüber hinaus bis 400° C gibt es je nach Seilmachart eine Reduktionstabelle.

Seilendverbindung	Drahtseil mit	Oberflächentemperatur des Seils ° C *	Tragfähigkeit %
Aluminium-Pressklemme	Fasereinlage	-60 bis +100	100
	Stahleinlage	-60 bis +150	100
Spleiß	Fasereinlage	-60 bis +150	100
	Stahleinlage	-60 bis +150 +150 bis +250	100 75

** Tiefsttemperatur - 40° für Seile nach DIN EN 13414-1, s. Seite 69.*

Seilendverbindungen mit Drahtseilklemmen

Nur für spezielle Einsatzzwecke, z. B. an Fahrzeugkranen, dürfen für die einmalige Verwendung Anschlagseile benutzt werden, die mit Drahtseilklemmen zusammengefügt sind. Da das Seil bei der Beanspruchung geringfügig dünner wird, müssen Drahtseilklemmen bei zulässigen anderen Verwendungen, z. B. Geländern, Abhängungen etc., nachgezogen werden.

Nach dem Benutzen sollten die mit Hilfe von Drahtseilklemmen hergestellten speziellen Anschlagseile sofort wieder demontiert werden, um eine Zweitbenutzung zu vermeiden. Die Anzahl der Drahtseilklemmen ist abhängig vom Drahtseildurchmesser.

Seilnenndurchmesser	Anzahl der Drahtseilklemmen
8–19 mm	4
über 19 – 26 mm	5
über 26 – 40 mm	6

Alle Drahtseilklemmen müssen in gleicher Richtung angeordnet werden, sodass der Bügel das Totseilende festhält. Der Grundkörper soll das tragende Seil schonen.

So ein Wirrwarr! Die erste und vierte Klemme beschädigen das tragende Seilende.

So sitzen die Klemmen richtig! Die Backen schonen das tragende Seilende. Zulässig zur Benutzung während einer Schicht; entsprechend Drehmoment-Tabelle anziehen!

Endlosseile

Grummets sind Endlosseile, die aus einer einzigen Litze gefertigt sind. Die Seele besteht aus den Enden der äußeren Litze, die als Kern im Seil liegt. Entsprechend hat die Seele eine nicht von außen sichtbare Stoßstelle, an der das Seil deshalb **rot gekennzeichnet** ist. Die Austauschstelle auf der Gegenseite, bei der die außen sichtbaren Litzen dann nach innen einlaufen, wird fälschlicherweise manchmal als Fehlstelle angesehen. Dies ist kein Mangel!

Oben die Austauschstelle und unten die Position eines Grummets, in dem die Enden der Seele stumpf aufeinander stoßen.

Diese beiden Bereiche soll man **nicht auf den Kranhaken** legen!

Alle zum Heben von Lasten zulässigen Drahtseilklemmen haben Bundmuttern (DIN EN 13411-5). Die leichten Drahtseilklemmen nach dem Muster 741, die für Zäune, Handläufe und Absperrungen geeignet sein mögen, sind als Anschlagmittel verboten!

Seile nehme ich sehr gern, aber nur mit Handschuhen!

Anschlagketten

Die modernen Anschlagketten Güteklasse 8, 10 und 12 sind handlich, leicht, sauber entgratet und vielseitig einsetzbar. Sie fassen sich gut an, weil sie nicht mehr wie früher Grate und Abgratlappen haben, die zu Handverletzungen führen können.

Jede Anschlagkette hat einen Anhänger mit der Anzahl der Kettenstränge, ihrem Nenndurchmesser, der Tragfähigkeit, bei mehrsträngigen Ketten auch der Tragfähigkeit bei 45° Neigungswinkel und 60° Neigungswinkel und seit 1995 das CE-Zeichen.

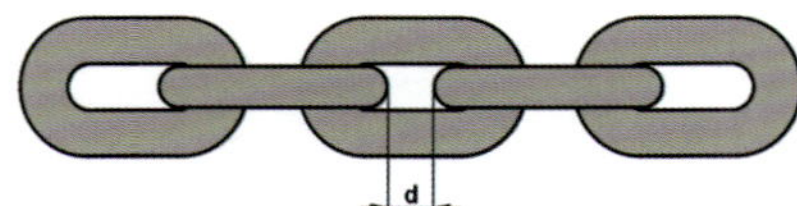

Die sichtbar freie innere Länge im Kettenglied entspricht einem Durchmesser. Nur solche 3-d-Ketten dürfen zum Heben benutzt werden.

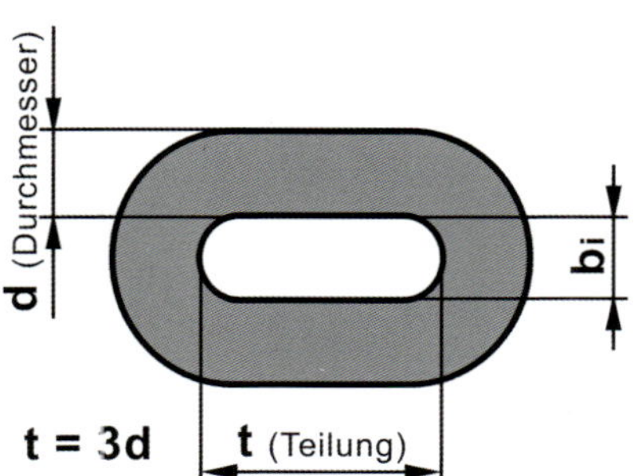

Geometrie eines Kettengliedes mit der inneren Breite b_i

Im Vergleich zu anderen Anschlagmitteln ist der größte Zusatznutzen der Ketten, dass die Stränge schnell verkürzbar sind durch:

- Verkürzungsklauen am Aufhängekopf
- Eingebaute Verkürzungsklauen in den Kettensträngen
- Verkürzungshaken mit einer stabilen Auflage für das liegende Kettenglied oder
- Einzelklauen, die an jeder beliebigen Stelle einsetzbar sind

Damit sorgt man auch bei schwierigen Transporten dafür, dass die Last genau waagerecht hängt oder aber genau so schräg, wie es für die Montage nötig ist.

Ketten nehme ich sehr gern, die kann ich so gut verkürzen!

Ein falsch herum eingelegter Kettenstrang rutscht besonders leicht aus einer alten Verkürzungsklaue ohne Verriegelung heraus. Ketten können auch zwischen den Hüben, weil sie

Knotenketten sind nicht zum Heben erlaubt!

Verbotene Kettenreparatur!

So wird ein Kettenverbindungsglied aufgeweitet! Verboten!

Halt! Haken biegt auf!

keine Belastung haben, aus ungesicherten Klauen halb oder ganz herausrutschen. Deshalb vergewissert sich Fritz vor jedem Hub, ob die Kette richtig in der Verkürzungsklaue sitzt.

Dabei darf man aber nie einen Zusatzstrang in die Verkürzungselemente einfügen: die Tragfähigkeitsangabe des Anhängers ist auf das Aufhängeglied abgestimmt! Ein Zusatzstrang überlastet das Aufhängeglied.

Aus dem gleichen Grund wird beim Zurückhängen des Hakens eines Kettenstrangs in das Aufhängeglied die Tragfähigkeit nicht höher! Nur wenn eine einsträngige Kette mit beiden Enden unabhängig oben eingehängt wird, verdoppelt sich die Tragfähigkeit.

Last in Waage durch zwei verkürzbare Kettenstränge links

Man nimmt die einsträngige **Hakenkette** einzeln als Vorläufer im Kranhaken oder zum direkten Anhängen von Lasten an ihrer Öse oder am Anschlagpunkt. Paarweise benutzt man sie meist im Schnürgang (nur 80 % Tragfähigkeit!) für Langgut.

Einsträngige **Ringketten** werden benutzt, wenn an der Last Haken oder pollerähnliche Fixpunkte sind. Meistens hängen jedoch die Ringketten unter Traversen, um Langgut aufzunehmen.

Wenn Ketten ohne Kantenschutz um Ecken gelegt werden, gelten 80 % der Tragfähigkeit; man nimmt gleich die nächstdickere Kette. Transportiert man jedoch in zwei Ketten eine Blechplatte, reicht dies nicht aus: beim unbeabsichtigten Anstoßen und beim Absetzen stößt die Last auf die Ketten. Hier sind Kantenschoner zu benutzen und vor dem Absetzen Hölzer unter die Blechplatte zu legen.

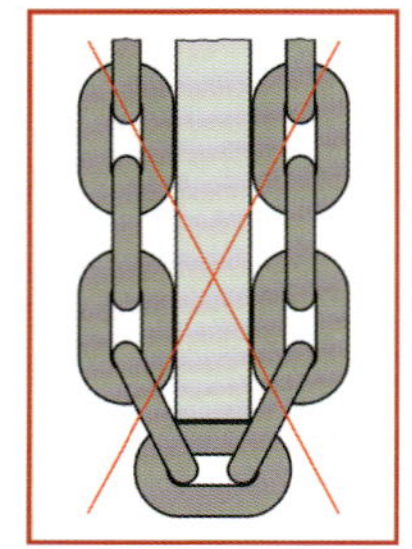

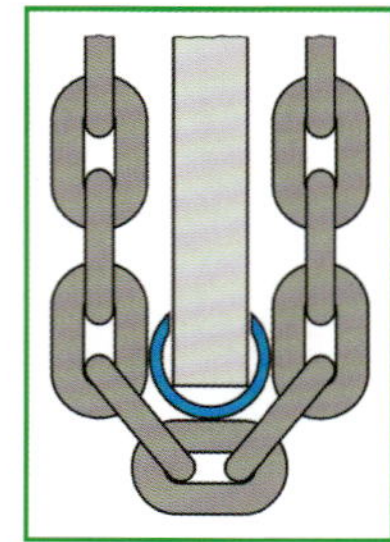

Auch eine 3 d-Kette ist hier überfordert! Kantenschutz verwenden!

Der gegensinnige Schnürgang hält zwar die Last stabil, beansprucht aber die Ketten im Knick extrem. Tragfähigkeit zu weniger als 80 % ausnutzen!

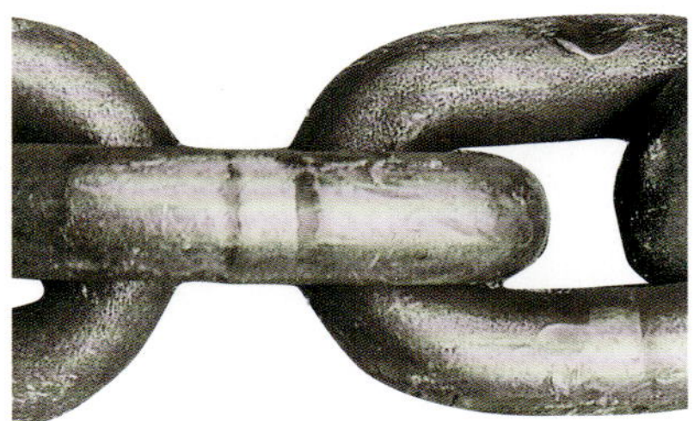

Ablegereifes Kettenglied in der Mitte eines Kettenstranges

Verbogenes Kettenglied in gedehnter Kette. Nicht benutzen! Dehnung über 5 % (wie hier) nicht zulässig: die Innenlänge überschreitet 3,15 d, die Außenlänge 5,15 d.

Ketten sind auszudrehen. Am Einzelstrang rotiert sonst die Last!

Weil leider nicht alle Anschläger sorgfältig sind, weil zu hart aufgesetzt wurde oder in die in das Aufhängeglied zurückgehängte Kette ein S-Haken eingelegt wurde, finden sich insbesondere in der Mitte der Kette immer wieder defekte Kettenglieder. Bei seinem Blick auf offensichtliche Mängel vor dem Hub schaut sich ein sorgfältiger Anschläger deshalb immer die **Mitte der Kette** zuerst an, um folgende Fehler zu entdecken: Verformungen, Verbiegungen oder auch die starke Dehnung eines Kettenglieds. An den Kettenverbindungsgliedern achtet er dabei auf verschobene Bolzen.

Ketten mit abgerissenen Tragfähigkeitsanhängern gibt er bereits vor Ablauf der jährlichen Überprüfung seinem Sachkundigen (s. Seite 66 „Mängel an Ketten“).

Zum Auswählen der geeigneten Kette dienen die Tragfähigkeitstabellen für die Güteklassen 8 und 10 (s. Seite 76/77).

In einigen Betrieben, besonders dort wo man nur geringe Tragfähigkeit

Besonders in der Mitte sehe ich mir die Kette an!

braucht, finden sich aber auch noch Ketten der Güteklasse 2 (s. Tabelle Seite 75).

In allen Ketten-Tragfähigkeitstabellen sind die jeweiligen höchsten zulässigen Temperaturen angegeben. Diese dürfen nie überschritten werden, weil sonst das Gefüge der Kette geändert wird.

Die Reduktion der Tragfähigkeit gilt bei der jeweiligen Temperatur. Ist die Kette wieder kalt, kann man sie wieder voll belasten.

Kette Güteklasse 2 aus Verzinkerei, eingesetzt mit temperaturbedingter 50 %-Tragfähigkeit. Das Glied in der Mitte hing am längsten im Zinkbad! Ablegereif!

Schäkel

Bolzen und Schäkel gehören zusammen! Sie sind festigkeitsmäßig und konstruktiv aufeinander abgestimmt.

Die Tragfähigkeit in t ist meist als einfache Zahl seitlich über einer der Ösen am Grundkörper eingeschmiedet oder eingeschlagen.

So dreht sich der Schäkelbolzen.

So bekommt der Schäkelbolzen kein Aufdrehmoment.

Zum genauen waagerechten Transport wurden am gleichen Werkstück an den zwei Seiten unterschiedlich lange Schäkel verwendet. Beim Aufsetzen der Last können links die Schäkel herausrutschen.

Hebebänder und Rundschlingen

Hebebänder und Rundschlingen lassen sich leicht transportieren, angenehm an der Last anbringen und sind anschmiegsam und lastschonend. Kein anderes Anschlagmittel bietet diese Kombination von hoher Festigkeit und Schonung der Last. Kein anderes Anschlagmittel wird aber so häufig durchschnitten wie eine Rundschlinge!

Durch Pendeln der Last stellen sich Kanten schräg: die Rundschlinge rutscht!

Durch diese gleitende Bewegung an einer scharfen Kante wird die Rundschlinge glatt durchschnitten – nicht selten gleich beim ersten Hub, wenn jemand meint, ein Blechpaket mit Rundschlingen transportieren zu müssen. Besonders gefährlich ist der Coil-Transport ohne genügenden Kantenschutz.

Wird eine Rundschlinge um eine scharfe Kante gelegt, so denkt man bei den unteren scharfen Kanten häufig noch daran, einen Schutz zu nehmen und hat vielleicht nur einen dünnen Abriebschutzschlauch zur Verfügung.

Ungeschützte obere Kante. Ablegereif!

Abdrücke vom ersten Transportversuch mit einer Kette

Echter Kantenschutz für ein Hebeband oder eine Rundschlinge ist:

1. ein Satz Kantenschützer am Hebeband bzw. an der Rundschlinge,
2. eine Polyurethanfestbeschichtung auf dem Band (mindestens 5 mm),
3. ein Polyurethanschutzschlauch von mindestens 5 mm Dicke oder ein Schnittschutzschlauch aus hochfestem Polyethylen,
4. ein Kantenschutz an der Last mit seitlichen Wülsten.

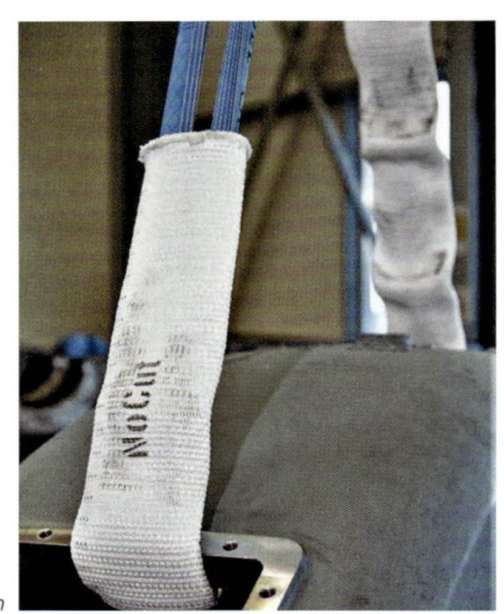

Kantenschutz mit UHMWPE-Schlauch

Wender mit verschieblichem Schutzschlauch

Schonender Transport

Hebebänder müssen gleichmäßig aufliegen.

Ein einfaches Winkelstück mit zwei ebenen Flächen oder ein Stück Leder hilft nicht: Die Rundschlinge rutscht seitlich weg und wird durchgeschnitten!

Dabei sind auch die oberen scharfen Kanten einer Last wichtig: Bei Tragfähigkeitsspannung liegt die Rundschlinge auch an den oberen Kanten kräftig an und wird beim Pendeln der Last verschoben: hier sind Schnitte durch das seitliche Bewegen genauso wahrscheinlich, wie Schnitte an den unteren scharfen Kanten!

Deshalb Hebebänder und Rundschlingen nie überlasten! Je höher Hebebänder und Rundschlingen belastet werden, desto anfälliger sind sie gegen Einschnitte.

So dürfen Rundschlingen verlängert werden!

So nicht!

Hub mit Rundschlingen mit fühlbar erhöhter Tragfähigkeitsangabe mit textildrahtverstärktem Mantel, hoher Scheuerbeständigkeit und hoher Abriebfestigkeit

Benutzungshinweise:
Einweghebebänder nach DIN 60005 mit orangefarbenem Etikett dürfen nur mit der eingehenden Ware bis zur Bearbeitungsmaschine benutzt werden. Sie müssen dann umgehend entsorgt werden.

Die Hebebandschlaufen müssen lang genug sein und damit zum Kranhaken passen. Der Innenwinkel in der Schlaufe soll 20° nicht überschreiten, um die Quernaht nicht zu schädigen.

Eine Rundschlinge mit beschädigter Schutzhülle ist ablegereif, auch wenn das Gelege durch das Loch noch gut aussieht. Das Kardeelenpaket innerhalb der Rundschlinge kann sich gegenüber der Hülle verschoben haben; durch das Loch kann man den beschädigten Bereich dann nicht mehr sehen!

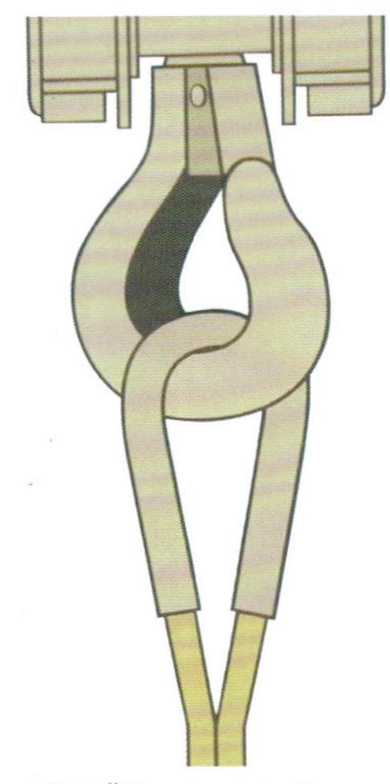

Nie mehr als 20° Öffnungswinkel!

Rundschlingenhülle an scharfer Kante zerstört. Ablegen!

Kein Allheilmittel! Beim ziehenden Schnitt kann auch der PU-Schlauch verletzt werden.

Faserseile

Seile aus pflanzlichen oder synthetischen Fasern sind die ältesten bekannten Anschlagmittel. Da sie leicht durchschnitten werden können, müssen sie mindestens 16 mm Seildurchmesser haben, damit man sie zum Heben von Lasten benutzen darf. Es ist eine Kennzeichnung mit Hersteller und Herstellungsjahr erforderlich. Die Kennzeichnung der Faserseile geschieht einerseits durch ein Tragfähigkeitsetikett (DIN EN 1492-4 bzw. DIN 83-302) und durch einen in eine der Litzen eingearbeiteten Kennfaden.

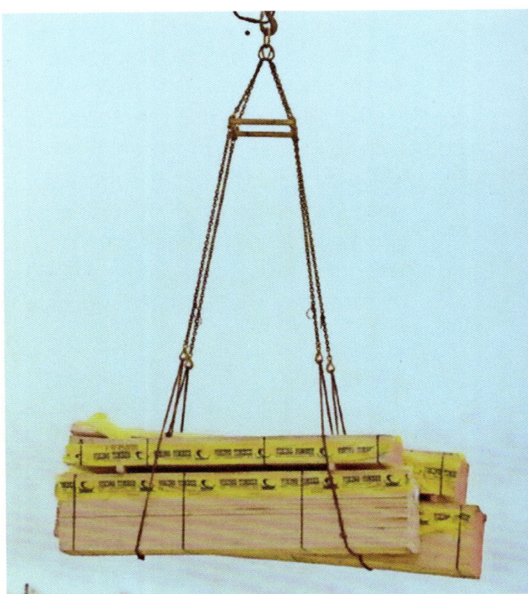

Traverse mit Holz. Faserseile beschädigen nicht die Kanten des Schnittholzes.

Pflanzliche Fasern:

- Hanf, DIN EN 1261, Kennfaden grün
- Manila, DIN EN ISO 1181, Kennfaden schwarz

Bei diesen Seilen sieht man wenigstens, was trägt!

Hanfseil mit Langspleiß; Enden nicht abschneiden!

Synthetische Fasern:

- Polyamid, DIN EN ISO 1140, Kennfaden grün
- Polyester, DIN EN ISO 1141, Kennfaden blau
- Polypropylen PP 1, DIN 83 329, Kennfaden braun
- PP 2, DIN EN ISO 1346, Kennfaden braun
- PP 3, DIN 83 334, Kennfaden braun

Die Anschläger arbeiten sehr gerne mit den Faserseilen: sie schonen die Last genauso wie eine Rundschlinge, und man sieht die tragenden Litzen direkt. Mit dem Faserseil weiß man, was man hat!

Synthetische Seile aus Polyester sind nur gegen intensive Laugen empfindlich; Seile aus Polyamid sind demgegenüber empfindlich gegen Säuren. Wenn es nur um die chemische Beständigkeit geht, sind die etwas dickeren Seile aus Polypropylen geeignet. Seile aus pflanzlichen Fasern sind empfindlich gegen das Vermodern. Man darf sie nicht nass liegen lassen. Wenn sie nass geworden sind, möglichst schnell zum Trocknen aufhängen!

Polyamidseil geöffnet, mit grünem Kennfaden

Kombinierte Anschlagmittel

Verschiedene Anschlagmittel werden mit Ketten kombiniert, um für Anschlagzwecke die Verstellbarkeit des Kettenstrangs zu nutzen und eine Dauerhaftigkeit des Anschlagmittels in der Hauptlänge sowie eine Schonung der Last zu erreichen. Man verwendet also Ketten mit Hebebändern oder Ketten mit Rundschlingen. Dafür gibt es spezielle Übergangsteile von der Kette zum Hebeband oder zur Rundschlinge. Die Verwendung von Kettenverbindungsgliedern ist unzulässig, weil sie eine scharfe Kante für die Rundschlinge darstellen.

Die Bruchkraft einer 3 t-Rundschlinge in einem Kettenverbindungsglied für 3,2 t beträgt nur 50 % des Solls!

Drahtseil / Kette / Drahtseil
Der die Last umschlingende Teil besteht aus einer Kette der Güteklasse 8 oder 10, um z. B. Profilstahl zu transportieren. Das Drahtseil dient beim Anschlagen zum Durchstecken unter die auf Hölzern liegende Last.

Kette mit Verkürzungseinrichtung / Drahtseil
Diese Kombination wird eingesetzt, wenn die Last mit einem Seil umschlungen werden soll und eine Längeneinstellung des Gesamtanschlagmittels nötig ist.

Kette / Hebeband
Das Hebeband ermöglicht den schonenden Transport und schont empfindliche Oberflächen; die Kette ermöglicht das Verkürzen und hat eine sehr hohe Lebensdauer, sodass immer nur die kurzen Austauschhebebänder ersetzt werden müssen.

Kette / Rundschlinge
Diese zum Verkürzen geeignete Bauart ist hilfreich, wenn an der Last die Rundschlinge gut befestigt werden kann und das Gesamtanschlagmittel verkürzbar sein soll.

Rundschlingengehänge mit Beschlagteilen nach DIN EN 1677. Der Schutzschlauch dient nur als Abriebschutz. An Kanten Kantenschützer notwendig!

Übergangsglied zwischen Kette und Rundschlinge

Ideale Übergangskonstruktion: Scharfkantige Lasten mit Kette unten, zum Verkürzen oder zum Durchschieben unter Lasten Seil oben.

Rundschlingen finde ich schön leicht, aber wenn sie an einer Kante liegen ... und rutschen ...

Kombination: Quadrattraversen an Seilen tragen jeweils vier Ketten mit Sicherheitshaken für je zwei Hebebandpaare.

Ringschrauben und Anschlagpunkte

An der Last, sei es ein Schaltschrank, ein Getriebe oder ein Serienmotor, befindet sich oft eine Ringschraube. Sie ist eine Transporthilfe für das bestimmte Bauteil im senkrechten Zug – kein Problem. Diese Ringschraube nach DIN 580 oder Ringmutter nach DIN 582 darf nicht seitlich zur Augenebene beansprucht werden, und auch in der Augenebene sind steilere Winkel als 45° unzulässig, um zu starke Belastungen auf das Gewinde zu vermeiden.

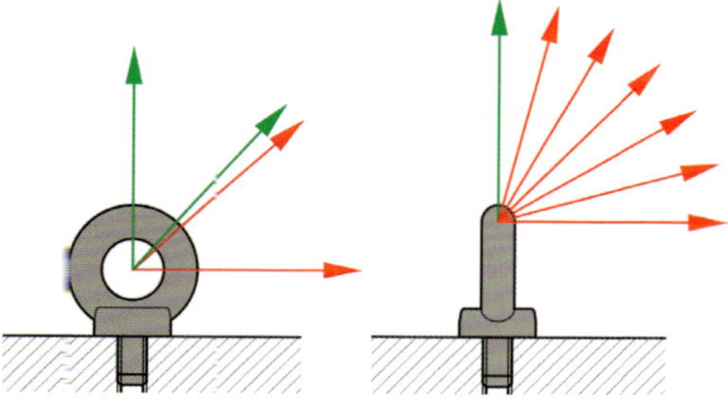

Ringschrauben nur nach oben bis max. 45° belasten.

Die modernen Anschlagpunkte Güteklasse 8 jedoch dürfen in alle Richtungen belastet werden. Wird der Anschläger – verwöhnt durch die modernen Produkte – sorglos, ist der Unfall vorprogrammiert! Er vergisst, dass er früher für die alten Ringschrauben mit Unterlegscheiben dafür gesorgt hat, dass sie in die richtige Richtung zeigen.

Die häufigsten Fehler:

1. Die Schraube wird nicht festgedreht, weil das Sacklochgewinde verstopft ist, z. B. durch Beton. Es kommt zur Seitenbiegung oder zum Ausriss an einem der wenigen eingedrehten Gewindegänge und zum Lastabsturz.

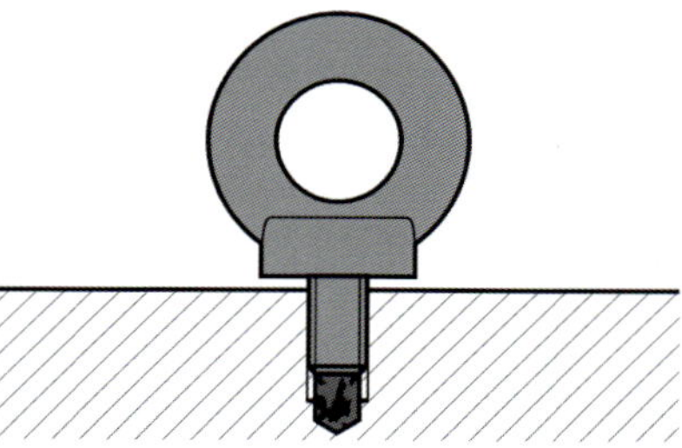

Dreck im Gewinde! Nicht benutzen!

2. Die Schraube wird zu fest eingedreht, um die Ringschraube in den richtigen Winkel zu stellen; die Vorspannung wird zu hoch, und bei sehr hoher Belastung ist ein Bruch an der Eindrehung oberhalb des Gewindes vorprogrammiert.
3. Das Gewinde im Grundmaterial passt nicht für die Ringschraube; an Maschinenteilen der Luftfahrtindustrie oder bei Importgeräten gibt es auch heute noch Whitworthgewinde; das Eindrehen mit Gewalt führt zum Gewindeausriss oder es klemmt nur etwas und man glaubt, dass es trägt.
4. Extremer Querzug führt zu Verbiegung; beim nächsten Einbau kann der Querzug in der Gegenrichtung zum Abriss führen.

Der Haken ist zu dick für die Ringschraube! Das Zusatzbiegemoment zerstört die Ringschraube.

Ständer für Ringschrauben: Oben links ablegereif.

Haken und Hakensicherungen

Viele Lasten haben Löcher zum Einhaken – beabsichtigt oder nicht. Mit einem Haken in der Öse, im Anschlagpunkt oder in Verstrebungen der Last ist das Anschlagmittel, ohne rutschen zu können, fest verbunden. Ein großer Vorteil – wenn dieser Punkt geeignet ist im Sinne der Festigkeit für die Krafteinleitung. Wie im Flugzeugbau schon lange üblich, werden heute z. B. auch Stapler da gekennzeichnet, wo man anschlagen soll. Ein Anschlagmittel mit Haken garantiert mehr die stabile Lage der Last, als die heute viel zu oft verwendeten Rundschlingen.

Hinweis auf Anschlagpunkt im Radkasten eines Staplers

Hinweis für Anschlagpunkt am Mastkopf eines Staplers

Entsprechend der alten UVV und der Betriebssicherheitsverordnung (Anhang 1, Abschnitt 2.3) sind Maßnahmen zu treffen, die verhindern, dass Lasten

a) sich ungewollt gefährlich verlagern, herabstürzen oder

b) unbeabsichtigt ausgehakt werden können.

Das geht fast immer nur mit Hakensicherungen!

Beim Aufstoßen mit einer Last kann der Anschläger von kurzen, steifen Seilen überlistet werden. Sehr wichtig ist, dass man auf augenfällige Mängel an der Hakensicherung achtet. Eine schlaffe Feder begünstigt das Verhaken und Herausdrehen!

Haken ohne Hakensicherungen (z. B. tiefmäulige Haken an Ketten, nicht an Seilen, die schieben könnten) dürfen nur dann benutzt werden, wenn wirklich nichts herausfallen kann!

Entsprechend haben die Krane und fast alle Anschlagmittel gesicherte

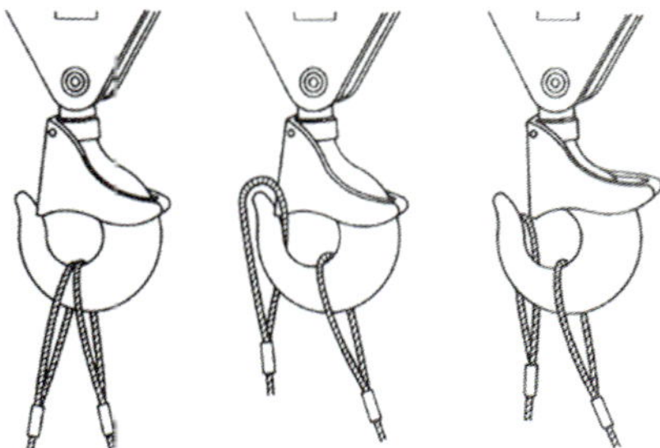

Steife Seile können sich beim Aufsetzen der Last herausmogeln wenn die Hakenspitze vorsteht.

Hakensicherung! Neigungswinkel über 60°

Haken. Nur an Warmarbeitsplätzen, wo es gefährlich wäre, zum Aushängen heranzutreten, darf man Haken ohne Sicherung verwenden. Im Sinne der BetrSichV ist das ein beabsichtigtes Lösen, damit der Anschläger nicht durch die Schmelze oder den Ofen gefährdet wird.

Die Gefahr, dass sich ein Haken beim Herumschlenkern unbeabsichtigt einhängt, wird mit Sicherheitshaken ohne Nase verhindert oder aber durch Ladehaken. In den Häfen sind solche Haken vorgeschrieben, die sich beim Herausziehen aus den Luken der Schiffe nicht verfangen können.

Nicht mit Gewalt einlegen: Klappe schließt nicht.

Das Aufhängeglied des Anschlagmittels im Kranhaken soll möglichst breit sein:

1. Um sich nicht die Finger zu klemmen, ein großes Aufhängeglied wählen und seitlich von außen anfassen.
2. Die heutigen Aufhängeglieder Güteklasse 8 sind sehr hart im Vergleich zum Kranhaken; Hakenmaulverschleiß an den beiden Auflagestellen!

Die lichte Breite des Aufhängeglieds soll deshalb mindestens 20 % breiter sein als das Profil des Hakens, auf dem das Aufhängeglied ruht.

Um den Verschleiß im Kranhaken zu ersparen, gibt es breite Reduziergehänge als Übergang zum Anschlagmittel.

Offensichtliche Mängel: Haken aufgezogen, erstes Kettenglied angebogen.

Seitlich verbogener Sicherheitshaken: ablegereif!

Dies führt zum Verbiegen des Hakens!

So nicht!

Kranhakenverschleiß

Haken immer von innen nach außen einführen.

Benutzung von Lastaufnahmemitteln

Klemmen und Zangen

Bleche, Profileisen und viele andere Halbfertigprodukte transportiert man mit Klemmen und Zangen. Sie sollen nicht direkt im Kranhaken benutzt werden, sondern immer mit einem zwischengeschalteten Anschlagmittel. Mit einer Kette oder einem nicht zu kurzen Seil kommt nur Zug und kein Druck auf die Öse der Klemme! Im Regelfall werden zwei Klemmen eingesetzt, damit die Last stabil hängt.

Hebeklemmen sind mit dem Greifbereich und der Tragfähigkeit gekennzeichnet. Wird der untere Greifbereich unterschritten, reichen die Klemmkräfte nicht aus! Die Klemme kann ein zu dünnes Blech nicht halten!

Klemmen mit hoher Tragfähigkeit sollen nicht für leichte Lasten benutzt werden, weil die Klemmwirkung dann sehr gering ist.

Zum Transport senkrecht hängender Blechtafeln sind Klemmen mit Verriegelungen vorgeschrieben; ihren

Kraftschluss: Nie über Personen transportieren!

Blechklemme noch offen

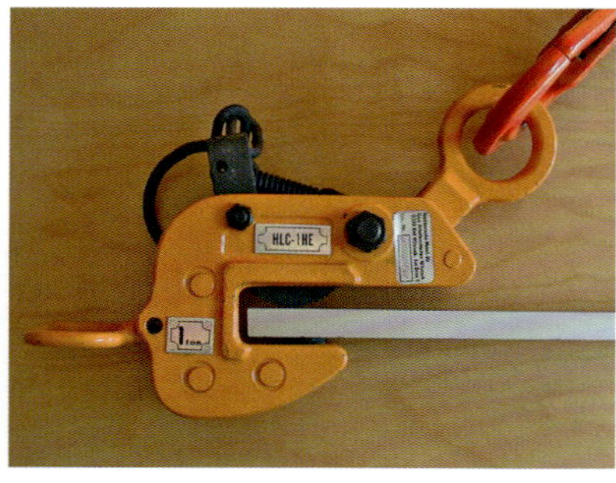

So ist die Klemme richtig geschlossen.

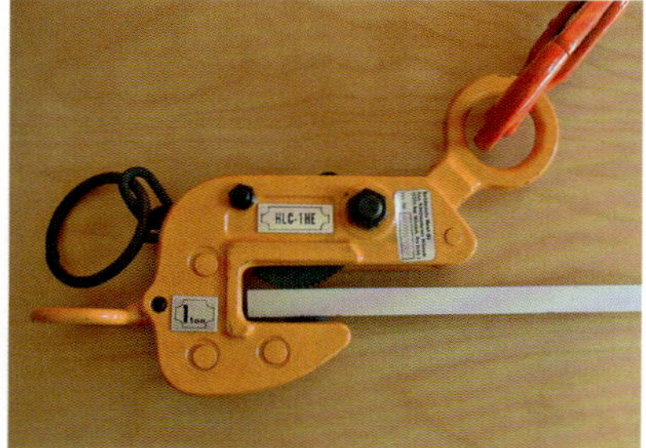

Jedes Blech hängt durch und erzeugt Transportgefahren.

zu Kantenausbrüchen, wenn Lasten in ihnen pendeln und dadurch die Kanten der Greifsegmente ausbrechen.

Zwar sind unverriegelbare Blechhebeklemmen zum waagerechten Blechtransport zulässig, aber wenn sich ein Blech durchbeult, kann die einfache Klemme seitlich abrutschen und an seiner Kette oder seinem Seil dem Anschläger ins Gesicht fliegen!

Die normalen Blechhebeklemmen sind nur zum Heben eines einzigen Blechs geeignet; nur Sonderklemmen zum waagerechten Transport von Blechstapeln können mehrere Bleche fassen. Man benutzt die Klemmen immer paarweise und vier für waagerechte Blechtransporte.

Hebel muss man vor dem Hub schließen. Wenn dies zu leicht geht, sollte der Anschläger die Angabe des Greifbereichs mit der tatsächlichen Dicke vergleichen! Nach dem Hub kann man sich die Greifmarken am Blech ansehen. Rutschspuren zeigen: Diese Klemme muss repariert werden. Dabei schaut man auf offensichtliche Mängel an den Greifrillen. Diese verschleißen, insbesondere neigen sie

Spezialklemme für Plattenstapel

Vakuumheber

Der Anschläger hat sich genau die Bedienungsanleitung des Vakuumhebers angesehen. Er weiß, dass er sich nie unter die Last stellen darf. Sein Vakuumheber hat eine Druckmesseinrichtung und eine Pumpe sowie eine Stützbatterie, sodass er noch schnell die Last absetzen kann, bevor sie herunterfällt. Den Warnton hat er einmal probeweise angehört; er lässt deshalb nie eine Last am Vakuumheber hängen, wenn er fortgeht.

Vakuumheber werden sehr häufig, gerade auch für Kleinlasten im bodennahen Bereich, für nichtmagnetische Werkstücke benutzt. Sie finden weite Verbreitung, sogar für ganze Fahrzeugdächer. Da stellt sich keiner drunter!

Saughandgriff offen

Saughandgriff geschlossen

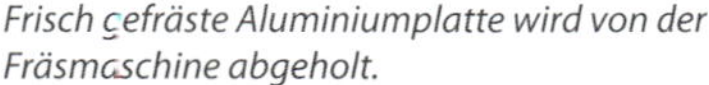

Frisch gefräste Aluminiumplatte wird von der Fräsmaschine abgeholt.

Lasthebemagnete

Insbesondere zur Beschickung von Arbeitsplätzen mit magnetischen Werkstoffen werden gern Lasthebemagnete eingesetzt. Es gibt sie sowohl als netzabhängige Lasthebegeräte (einige mit Stützbatterie) als auch netzunabhängig mit Dauermagneten. Auch solche kraftschlüssig angeschlagenen Lasten darf man nie über Personen hinwegführen. Weil Bleche nicht direkt nach unten fallen, ist der Gefahrenbereich relativ groß.

Die handbetätigten Geräte mit Dauermagneten haben einen Hebel mit einem Griff, den man nach außen zieht, um ihn zu entriegeln.

Kürzlich bekam eine Montagefirma ein neues, billiges Gerät, das hat sie sofort zurückgegeben: bei dem Gerät brauchte man nur leicht an den äußeren Knopf zu kommen, und der Hebel schlug mit Gewalt zurück; die Last fiel herab. Das war zu gefährlich!

Handmagnet für Kleinlasten

Griffstück des Magneten zum Betätigen nach oben schieben! Der Knopf ist „Daumenstütze". Billigprodukte haben gefährlichen Betätigungsknopf außen. Einmal anstoßen...

Schwerlastmagnete für Plattentransport; hier darf sich niemand unter der Last aufhalten.

Da stellt sich keiner drunter!

Nach dem Öffnen Unfallgefahr!

So öffnet man richtig!

Besondere Gefährdungen, Lagern und Prüfen von Anschlagmitteln

Das Abladen

Besonders gefährdet ist jeder Abladende, wenn ein Lkw auf den Hof fährt: man weiß nie, wie sich die Last während der Fahrt verschoben hat! Deswegen macht man sich erst einmal ein Bild von dem Beladungszustand des angekommenen Lkws. Erst wenn man sicher ist, dass die Rungen unbelastet sind und gefahrlos geöffnet werden können, öffnet man diese und stellt sich so, dass man nicht getroffen werden kann.

Bevor der Abladende die Verzurr-Ratschen zur Ladungssicherung öffnet, bringt er bereits die ersten Anschlagmittel an. Er hängt sie so in den Kranhaken, dass beim Öffnen der Ratschen keine Last umkippen kann. Erst nachdem die Verzurrungen weggenommen sind, wird die Last gehoben. Dabei achtet man genau darauf, ob dadurch andere Lasten verrutschen könnten. Insbesondere, wenn der Lkw schräg steht, können

Genügend schräg gestellte Gerüstteile

Zu steil gestellt ... nach Öffnen der Ratsche

Platten, Türrahmen oder andere Bauteile oder Geräte umkippen!

Auch wenn es zügig gehen muss, weil der Lkw woanders gebraucht wird: Hier zahlt sich Umsicht aus. Beim Entladen geht die Sicherheit vor Schnelligkeit!

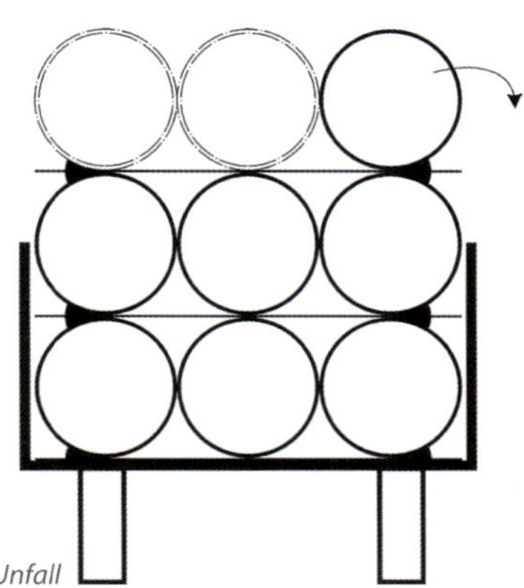

Nach dem Entladen der ersten beiden Rohre tödlicher Unfall

Anschlagen bei Abbruch- und Demontagearbeiten

Der sichere Standort ist hier besonders wichtig! Die Demontage- und die Abrissarbeiten müssen so geplant werden, dass niemand beim Abtrennen von z. B. Trägern oder Rohren gefährdet wird. Sie belasten plötzlich, mit dem letzten Rest des Schnitts zum Trennen, das Anschlagmittel und „fallen durch", indem die ganze Elastizität des Krans und des Anschlagmittels ausgenutzt wird. Hier sind keine Probehübe möglich!

Die Last pendelt sehr stark, wenn der Kranhaken nicht genau über dem Schwerpunkt liegt.

Gefahr entsteht durch die mangelnde Standfestigkeit des Krans und durch die Schockbelastung. Prinzipiell stärkere Anschlagmittel einsetzen, als es die Tragfähigkeit eigentlich erfordert!

Am vorteilhaftesten sind hierfür Ketten: mindestens eine Nenndicke dicker auswählen, als es für die schwerste zu erwartende Last nach Tabelle notwendig wäre!

Wird mit Winden und Umlenkrollen gearbeitet, beträgt die Kraft in der Aufhängung der Umlenkrolle das Doppelte der verursachenden Last! Entsprechend muss die Rolle sehr stabil befestigt sein.

Bei den hohen Belastungen: Dickeres Seil mit Kausche oder 10-mm-Ketten!

Auch wenn er bereits angeschlagen ist, darf man den Träger, auf dem man steht, nicht abtrennen!

Auf den Zugang zu dem Platz, an dem man anschlägt, muss man besonders achten. Nicht über Wellasbestzementdächer gehen! Besonders gefährlich sind eingestaubte Lichtplatten, die man im Dach von oben als solche nicht erkennt. Auf solchen Dächern sind vorab begehbare Bohlen zu verlegen. Bei Absturzgefahr Sicherheitsgeschirre tragen!

Bei unebenem Gelände entstehen hohe Kräfte: Mindestens eine Tragfähigkeitsstufe höher benutzen.

Transport am Baggerhaken

Nie hängt man über den Zahn einer Baggerschaufel ein Seil oder die Öse eines Anschlaggehänges. Das kann viel zu leicht abrutschen. Dafür gibt es viel bessere Möglichkeiten: den Anschweißhaken hinter der Baggerschaufel oder ein Anbaugerät mit Lasthaken. Dabei muss man nur eines bedenken: beim Fahren auf Baustellengrund schwingt die Schaufel stark nach oben und unten aus; es wirken erhebliche Zusatzkräfte. Deshalb nimmt ein erfahrener Bauarbeiter lieber ein deutlich stärkeres Anschlagmittel, als von der Tragfähigkeit her gesehen eigentlich nötig wäre. Das schont! „Relative" Rundschlingen oder alte, verbrauchte Seile sind hier fehl am Platz. Der fahrende Bagger würde bei einer abstürzenden Last schwere Schäden verursachen oder selbst Schaden nehmen.

Das Anschlagmittelgestell

Am Gestell für Anschlagmittel hängen die Ketten, Seile, Hebebänder und Rundschlingen einsatzbereit nebeneinander. Nur wenn hier Ordnung herrscht und der Zugang zu diesem Gestell nicht verstellt ist, hat man als Anschläger diese Anschlagmittel auch wirklich schnell einsatzbereit. Im Gestell sind die Anschlag- und Lastaufnahmemittel so abgestellt oder abgelegt, dass sie nicht umkippen oder abgleiten können. Gleichzeitig werden sie hier trocken und luftig aufbewahrt und sind damit vor Witterungseinflüssen und aggressiven Stoffen (z. B. Säuren, Laugen oder Lösungsmitteln) geschützt. Damit wird auch die Betriebssicherheitsverordnung eingehalten, die im Anhang 1, Abschnitt 2.6 bestimmt: *„Lastaufnahme- und Anschlagmittel sind so aufzubewahren, dass sie nicht beschädigt werden können und ihre Funktionsfähigkeit nicht beeinträchtigt werden kann."*

Falls es sehr lange Anschlagmittel gibt, hängt man die Haken hoch, damit sie nicht auf dem Boden liegend zur Stolperfalle oder vom Stapler überfahren werden.

Hebebänder, Rundschlingen und Faserseile sollen nicht durch intensive Wärme schnell getrocknet werden. Bei Einflüssen von Chemikalien werden sie vor dem Lagern ausgespült. Spülmittel, wie für den Haushaltsab-

So kann die Kette aufgenommen werden, ohne dass der Anschläger sie hochheben muss.

Spezielle Anschlagmittel für bestimmte Werkstücke: Abgeschlossen!

wasch üblich, sind für die textilen Anschlagmittel nicht schädlich.

Es geht einem erfahrenen Anschläger absolut gegen die Ehre, Anschlagmittel auf den Ständer zurückzuhängen, bei denen er Mängel entdeckt hat. Was nicht in Ordnung ist, entsorgt er gleich oder gibt es einem Sachkundigen, um dies beurteilen zu lassen. Kein Seil mit Schraubklemmen kommt auf den Ständer! Der Nächste könnte es weiter benutzen, obwohl das Seil unter der Klemme durch dauernden Druck auf die Faserseele dünner geworden ist und durchrutschen kann.

Prüfung auf augenfällige Mängel

Die Kontrolle der Anschlagmittel vor dem Gebrauch dient dem persönlichen Schutz vor dem Lastabsturz. Deswegen kontrolliert ein sorgfältiger Anschläger das Anschlagmittel vor jedem Gebrauch. Erkennt er Mängel oder ist die Ablegereife des Anschlagmittels erreicht, zerschneidet er die Rundschlinge oder das Hebeband. Er macht Ketten und Seile endgültig unbrauchbar und trägt sie dann zum Schrottcontainer.

Wann ist nun ein Anschlagmittel ablegereif? Manche Anschlagmittel sind es beim falschen Anschlagen an scharfen Kanten bereits nach dem ersten Hub!

Mängel an Drahtseilen

- Knicke und Klanken
- Bruch einer Litze
- Quetschung in der freien Länge
- Quetschung an der Öse oder der Presshülse
- Beschädigung oder starker Verschleiß der Seilendverbindung
- Drahtbrüche in großer Zahl

Quetschstelle eines Seils mit Drahtbrüchen

Drahtbrüche

Drahtbruchnest

Mängel an Naturfaserseilen und Chemiefaserseilen

- Bruch einer Litze
- Mechanische Beschädigung, starker Verschleiß oder Auflockerungen
- Schäden infolge feuchter Lagerung oder Einwirkung aggressiver Stoffe
- Garnbrüche in großer Zahl mit mehr als 10 % des Querschnitts
- Lockerung der Spleiße
- Keinesfalls die herausstehenden Enden der Spleiße abschneiden!

Bei 10 % Kanteneinschnitt: Ablegereif!

So weit hätte es gar nicht kommen dürfen.

Mängel an Chemiefaserhebebändern und Rundschlingen

- Beschädigung der Webkanten und des Gewebes mit mehr als 10 % des Querschnitts
- Starke Verformungen durch Wärme, durch innere oder äußere Reibung
- Beschädigung der tragenden Nähte
- Schäden durch Einwirkung aggressiver Stoffe
- Beschädigung der Ummantelung und ihrer Vernähung bei Rundschlingen
- Durchgehende Schnitte im Kantenschutzschlauch (dann ganz durchschneiden: „Aus 1 mach 2!")

Kleiner Einschnitt im Rundschlingenschlauch: Ablegereif!

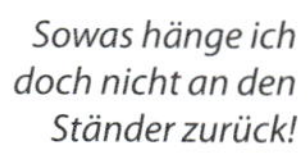

Sowas hänge ich doch nicht an den Ständer zurück!

Mängel an Rundstahlketten

- Bruch eines Kettenglieds
- Anrisse oder starke Korrosionsnarben
- Verbiegung eines Kettenglieds
- Abnahme der gemittelten Glieddicke um mehr als 10 %
- Dehnung der Kette um mehr als 5 %

Mängel an Haken und Zubehörteilen

- Anrisse, wie Querrisse im Schaft, Hals, Gewinde oder Hakenmaul
- Grobe Verformungen des Hakenmauls durch Aufweitung des Hakenmauls um mehr als 10 %
- Abnutzung im Hakenmaul (Steghöhe) um mehr als 5 %
- Verschiebungen und starke Abnutzung des Bolzens im Gabelkopfhaken oder in Kettenverbindungsgliedern

Verschleiß im Hakengrund

Riss im Hakengrund

Herausrutschgefahr!

Verbogene Hakenspitze

So einen Haken benutze ich doch nicht!

So nicht übereinander stapeln!

Mängel an Plattformen, Paletten, Behältern

- Brüche
- Mechanische Beschädigungen
- Starker Verschleiß
- Verformungen, insbesondere wenn die Stabilität beim Stapeln nicht mehr gegeben ist
- Korrosionsschäden

Tragfähigkeitstabellen

Die Tabellenwerte für Stahldraht-, Chemiefaser- und Naturfaserseile sowie einige Ketten der Güte 8 gelten für die in der Industrie noch häufig vorhandenen Altbestände, während die Neuausrüstung entsprechend den Europäischen Normen minimal höhere Tragfähigkeiten hat. Nur Polyesterseile nach neuer Norm sind 10 bis 15 % niedriger eingestuft. Entsprechend der Herstellerverantwortung gelten die Tragfähigkeitskennzeichnungen am jeweiligen Anschlagmittel.

Tragfähigkeitstabelle in kg
Hebebänder und Rundschlingen nach EN 1492 Teil 1 und Teil 2

Kennfarbe	Ein Hebeband / Rundschlinge							Zwei Hebebänder / Rundschlingen			
	direkt	geschnürt	umgelegt, umschlungen					direkt	geschnürt	direkt	geschnürt
Hebeband / Rundschlinge	0°	0°	0°	bis 45°	45°–60°	0° bis 45°	45° bis 60°	bis 45°		über 45° bis 60°	
–	500	400	1 000	700	500	350	250	700	560	500	400
violett	**1 000**	**800**	**2 000**	**1 400**	**1 000**	**700**	**500**	**1 400**	**1 120**	**1 000**	**800**
–	1 500	1 200	3 000	2 100	1 500	1 050	750	2 100	1 680	1 500	1 200
grün	**2 000**	**1 600**	**4 000**	**2 800**	**2 000**	**1 400**	**1 000**	**2 800**	**2 240**	**2 000**	**1 600**
–	2 500	2 000	5 000	3 500	2 500	1 750	1 250	3 500	2 800	2 500	2 000
gelb	**3 000**	**2 400**	**6 000**	**4 200**	**3 000**	**2 100**	**1 500**	**4 200**	**3 360**	**3 000**	**2 400**
grau	**4 000**	**3 200**	**8 000**	**5 600**	**4 000**	**2 800**	**2 000**	**5 600**	**4 480**	**4 000**	**3 200**
rot	**5 000**	**4 000**	**10 000**	**7 000**	**5 000**	**3 500**	**2 500**	**7 000**	**5 600**	**5 000**	**4 000**
braun	**6 000**	**4 800**	**12 000**	**8 400**	**6 000**	**4 200**	**3 000**	**8 400**	**6 720**	**6 000**	**4 800**
blau	**8 000**	**6 400**	**16 000**	**11 200**	**8 000**	**5 600**	**4 000**	**11 200**	**8 960**	**8 000**	**6 400**
orange	**10 000**	**8 000**	**20 000**	**14 000**	**10 000**	**7 000**	**5 000**	**14 000**	**11 200**	**10 000**	**8 000**

Bei Hängegang Hebebänder / Rundschlingen paarweise benutzen und bei Abrutschgefahr nur quer verfahren. Handhabungstoleranzen bei 0°: bis 6° zulässig.
Bei Hängegang und Winkeln bis 60° verstärkter Einschneideffekt an Kanten!
An unteren und oberen Kanten gegen Einschnitte schützen.

Die Benutzung von Hebebändern und Rundschlingen über 100° C (Polypropylen über 80° C) und unter -40° ist unzulässig. Sonderhebebänder aus Aramidfasern sind bis 200° C einsetzbar (siehe Herstelleretikett).

Tragfähigkeitstabelle in kg für Stahldrahtseile nach DIN EN 13414-1

Normalausführung nach DIN EN 13414-1 (Ausgabe 2003) mit Pressklemmen und Faserseele, Drahtnennfestigkeit 1770 N/mm². Die Tragfähigkeiten für Endlosseile gelten für aus Rundlitzen gelegte Seile und für endlos gepresste Seile mit zwei Pressklemmen. Alte Anschlagseile nach DIN 3088 (Ausgabe Mai 1989, zurückgezogen) dürfen entsprechend der Tragfähigkeit des Anhängers weiter benutzt werden.

Seilnenndurchmesser mm	Einzelstrang		Doppelstrang mit Neigungswinkeln von 0° bis 45°		Doppelstrang mit Neigungswinkeln von 45° bis 60°		Drei- und Vierstrang mit Neigungswinkeln von 0° bis 45°	Drei- und Vierstrang mit Neigungswinkeln von 45° bis 60°	Einzelstrang	Doppelstrang
8	700	560	950	760	700	560	1 500	1 050	1 100	2 800
10	1 000	800	1 400	1 100	1 000	800	2 100	1 500	1 600	4 000
12	1 500	1 200	2 100	1 700	1 500	1 200	3 200	2 300	2 400	6 000
14	2 000	1 600	2 800	2 200	2 000	1 600	4 200	3 000	3 200	8 000
16	2 700	2 150	3 800	3 050	2 700	2 150	5 650	4 000	4 300	10 800
18	3 150	2 500	4 400	3 500	3 150	2 500	6 600	4 700	5 000	12 600
20	4 000	3 200	5 600	4 500	4 000	3 200	8 400	6 000	6 400	16 000
22	5 000	4 000	7 000	5 600	5 000	4 000	10 500	7 500	8 000	20 000
24	6 300	5 000	8 800	7 000	6 300	5 000	13 200	9 400	10 000	25 200
26	7 000	5 600	9 800	7 800	7 000	5 600	14 700	10 500	11 200	28 000
28	8 000	6 400	11 200	9 000	8 000	6 400	16 800	12 000	12 800	32 000
32	11 000	8 800	15 000	12 300	11 000	8 800	23 000	16 500	17 600	44 000
36	14 000	11 200	19 000	15 500	14 000	11 200	29 000	21 000	22 400	56 000
40	17 000	13 600	23 500	19 000	17 000	13 600	36 000	26 000	27 200	68 000
44	21 000	16 800	29 000	23 500	21 000	16 800	44 000	31 500	33 500	84 000
48	25 000	20 000	35 000	28 000	25 000	20 000	52 000	37 000	40 000	100 000
52	29 000	23 000	40 000	32 000	29 000	23 000	62 000	44 000	–	–
56	33 500	26 800	47 000	37 500	33 500	26 800	71 000	50 000	–	–
60	39 000	31 000	54 000	43 500	39 000	31 000	81 000	58 000	–	–

Einsatztemperatur für alle Seilarten

In der nachfolgenden Tabelle werden die Einsatztemperaturen aufgezeigt, die für Anschlag-Drahtseile nach DIN EN 13414-1 zulässig sind, unter Berücksichtigung der Art der Seilverbindungen und Seileinlagen.

Seilendverbindung	Drahtseil mit	Temperatur des Seiles ° C	Tragfähigkeit %
Aluminium-Pressklemme	Fasereinlage	-40° bis +100°	100 %
	Stahleinlage	-40° bis +150°	100 %
Spleiß	Fasereinlage	-40° bis +100°	100 %
Flämisches Auge mit Stahlverpressung/Spleiß	Stahleinlage	-40° bis +150°	100 %
		+150° bis +200°	90 %
		+200° bis +300°	75 %
		+300° bis +400°	65 %

Gespleißte Seile haben nur 90 % der Tragfähigkeit der Tabelle. Für einsträngige Anschlagseile ist eine satte Auflage sowohl am Haken als auch unten notwendig, damit die angegebenen hohen Tragfähigkeiten ohne Seilbeschädigung angewendet werden können. Es ist bei Schlaufen ohne Kausche notwendig, dass der Anschlagpunkt einen Durchmesser von mindestens dem Zweifachen des Seildurchmessers hat.

Tragfähigkeiten für Anschlagseile mit Stahleinlage mit verpressten Seil-Endverbindungen (IWRC) für die Seilklassen 6 x 9, 6 x 36 und 8 x 36

Seil-nenn-durch-messer mm	Einzelstrang		Doppelstrang mit Neigungswinkeln von 0° bis 45°		Doppelstrang mit Neigungswinkeln von 45° bis 60°		Drei- und Vierstrang mit Neigungswinkeln von 0° bis 45°	Drei- und Vierstrang mit Neigungswinkeln von 45° bis 60°	Einzel-strang	Doppel-strang
8	750	600	1 050	840	750	600	1 550	1 100	1 200	3 000
9	950	760	1 300	1 040	950	750	2 000	1 400	1 500	3 800
10	1 150	920	1 600	1 280	1 150	900	2 400	1 700	1 850	4 600
11	1 400	1 100	2 000	1 600	1 400	1 100	3 000	2 120	2 250	5 600
12	1 700	1 350	2 300	1 840	1 700	1 350	3 550	2 500	2 700	6 800
13	2 000	1 600	2 800	2 240	2 000	1 600	4 150	3 000	3 150	8 000
14	2 250	1 800	3 150	2 520	2 250	1 800	4 800	3 400	3 700	9 000
16	3 000	2 400	4 200	3 350	3 000	2 400	6 300	4 500	4 800	12 000
18	3 700	3 000	5 200	4 150	3 700	3 000	7 800	5 650	6 000	14 800
20	4 600	3 700	6 500	5 200	4 600	3 700	9 800	6 900	7 350	18 400
22	5 650	4 500	7 800	6 250	5 650	4 500	11 800	8 400	9 000	22 600
24	6 700	5 400	9 400	7 500	6 700	5 400	14 000	10 000	10 600	26 800
26	7 800	6 250	11 000	8 800	7 800	6 250	16 500	11 500	12 500	31 200
28	9 000	7 200	12 500	10 000	9 000	7 200	19 000	13 500	14 500	36 000
32	11 800	9 500	16 500	13 200	11 800	9 500	25 000	17 500	19 000	47 000
36	15 000	12 000	21 000	16 800	15 000	12 000	31 500	22 500	23 500	60 000
40	18 500	15 000	26 000	20 800	18 500	15 000	39 000	28 000	30 000	74 000
44	22 500	18 000	31 500	25 200	22 500	18 000	47 000	33 500	36 000	90 000
48	26 000	21 000	37 000	29 600	26 000	21 000	55 000	40 000	42 000	104 000
52	31 500	25 200	44 000	35 200	31 500	25 200	66 000	47 000	50 000	-
56	36 000	28 800	50 000	40 000	36 000	28 800	76 000	54 000	58 000	-
60	42 000	33 600	58 000	46 400	42 000	33 600	88 000	63 000	67 000	-

Anmerkung 1: Für einsträngige Anschlagseile ist eine satte Auflage sowohl am Haken als auch unten notwendig, damit die angegebenen hohen Tragfähigkeiten ohne Seilbeschädigung angewendet werden können. Es ist bei Schlaufen ohne Kausche notwendig, dass der Anschlagpunkt einen Durchmesser von mindestens dem Zweifachen des Seildurchmessers hat.

Anmerkung 2: Seile mit Stahlseele werden meist als Flämisches Auge gelegt und mit Stahlpressklemmen hergestellt, um entsprechend der Temperatur-Tabelle (s. Tabelle Seite 69 unten) bis 400° C eingesetzt werden können (dann nur 65 % der Tragfähigkeit).

Tragfähigkeitstabelle in kg für Kabelschlaganschlagseile und Stahldrahtseil-Grummets nach DIN EN 13414-3

Die Tabelle gilt für Stahldrahtkabelschlagseile mit verpressten Seilendverbindungen und für Stahldrahtseil-Grummets, jeweils mit Stahleinlage nach DIN EN 13414-3, Drahtnennfestigkeit 1770 N/mm^2. Grummets sind endlos gelegte Seile, bei denen an der Austauschstelle die zwei Litzenenden nach innen gelegt sind (keine Fehlstelle!). Die rot markierte Gegenseite mit dem Stoß der innenliegenden Litze darf nicht in den Kranhaken gelegt werden.

Kabelschlaganschlagseile

Seilnenndurchmesser mm	Ein Seil		Zwei Seile Neigungswinkel von 0° bis 45°	Zwei Seile Neigungswinkel von 45° bis 60°	zweifach umgelegt	Verpresstes Endlosseil
24	3 750	3 000	5 250	3 750	15 000	6 000
27	4 750	3 800	6 650	4 750	19 000	7 500
30	6 500	5 200	9 000	6 500	26 000	10 000
33	7 500	6 000	10 500	7 500	30 000	12 000
36	9 000	7 200	12 500	9 000	36 000	14 500
39	10 500	8 400	15 000	10 500	42 000	17 000
42	12 500	10 000	17 500	12 500	50 000	20 000
48	16 000	12 800	22 500	16 000	64 000	26 000
54	20 500	16 400	28 500	20 500	82 000	32 500
60	25 000	20 000	35 500	25 000	100 000	40 000

Stahldrahtseil-Grummets

Seil-nenn-durch-messer mm	Ein Grummet							Zwei Grummets		
	0° 1)	0°	0° 1)	bis 45° 1)	über 45° bis 60° 1)	bis 45° 1)	über 45° bis 60° 1)	0°	bis 45°	über 45° bis 60°
12	2 200	1 750	4 400	3 000	2 200	1 500	1 100	4 400	3 000	2 200
15	3 400	2 700	6 800	4 750	3 400	2 375	1 700	6 800	4 750	3 400
18	4 900	3 900	9 800	6 850	4 900	3 400	2 450	9 800	6 850	4 900
21	6 700	5 350	13 400	9 400	6 700	4 700	3 350	13 400	9 400	6 700
24	9 000	7 200	18 000	12 600	9 000	6 300	4 500	18 000	12 600	9 000
27	11 500	9 000	23 000	16 100	11 500	8 000	5 750	23 000	16 100	11 500
30	14 000	11 000	28 000	19 600	14 000	9 800	7 000	28 000	19 600	14 000
33	17 000	13 500	34 000	23 800	17 000	11 900	8 500	34 000	23 800	17 000
36	20 000	16 000	40 000	28 000	20 000	14 000	10 000	40 000	28 000	20 000
39	23 500	19 000	47 000	32 900	23 500	16 450	11 750	47 000	32 900	23 500
42	27 000	21 500	54 000	37 800	27 000	18 900	13 500	54 000	37 800	27 000
48	35 500	28 500	71 000	49 700	35 500	24 850	17 750	71 000	49 700	35 500
54	45 000	36 000	90 000	63 000	45 000	31 500	22 500	90 000	63 000	45 000
60	55 500	44 500	111 000	77 700	55 500	38 850	27 750	111 000	77 700	55 500

Anmerkung 1): Normalerweise paarweiser Einsatz, Hängegangregeln beachten!

Kabelschlaganschlagseile und Grummets mit niedrigerem Durchmesser haben aus Handhabungsgründen eine Faserseele. Alle hier genannten Seilnenndurchmesser gibt es auch mit Faserseele.
Die Tragfähigkeiten sind ca. 20 % niedriger, siehe DGUV R 109-005 „Gebrauch von Anschlag-Drahtseilen", Tabelle A5.

Tragfähigkeitstabelle in kg für Anschlagmittel aus Naturfaserseilen

Die Tragfähigkeiten gelten für Anschlag-Faserseile nach DIN EN 1492-4.
Die Tabelle gilt für gedrehte Seile im Trossenschlag aus Manila nach DIN EN ISO 1181 und Hanf nach DIN EN 1261.

Kabelschlaganschlagseile

Faserstoff	Seilnenndurchmesser mm	Ein Seil		Doppelstrang Neigungswinkel von		Endlosstrang/ Kurzgespleißt* geschnürt
		direkt	geschnürt	0° bis 45°	45° bis 60°	
Manila	16	260	200	360	260	400
	20	400	320	560	400	640
	24	580	460	810	580	920
	28	780	620	1 100	780	1 250
	32	1 000	800	1 400	1 000	1 600
	36	1 300	1 000	1 800	1 300	2 000
	40	1 500	1 200	2 100	1 500	2 400
	48	2 200	1 800	3 100	2 200	3 600
Hanf	16	250	200	350	250	400
	20	350	280	500	350	560
	24	500	400	700	500	800
	28	700	560	1 000	700	1 120
	32	900	720	1 300	900	1 440
	36	1 200	960	1 700	1 200	1 920
	40	1 400	1 100	2 000	1 400	2 200
	48	2 000	1 600	2 800	2 000	3 200

** Langgespleißte Seile nur 60 % der Tabellenwerte*

Ablegereife

Bei Feststellung folgender Schäden sind Naturfaserseile der Benutzung zu entziehen:
- Bruch einer Litze
- Mechanische Beschädigungen, starker Verschleiß oder Auflockerungen
- Schäden infolge Einwirkung aggressiver Stoffe
- Lockerung der Spleiße
- Herausfallen von Fasermehl beim Aufdrehen des Seils
- Schäden infolge feuchter Lagerung

Anmerkung: Bei Anwendung der neuen europäischen Norm DIN EN 1492-4 entsprechend Anhänger etwas höher belastbar.

Beim Anschlagen mit mehreren Strängen dürfen nur zwei Stränge als tragend angenommen werden. Nur, wenn sichergestellt ist, dass sich die Last gleichmäßig auch auf die weiteren Stränge verteilt, dürfen diese als tragend angenommen werden. Bei ungleicher Lastverteilung darf die Einzelstrangtragfähigkeit nicht überschritten werden.

Tragfähigkeitstabelle in kg für Anschlagmittel aus Chemiefaserseilen

Die Tragfähigkeiten gelten für Anschlag-Faserseile nach DIN EN 1492-4.
Die Tabelle gilt für gedrehte Seile im Trossenschlag aus Polyamid nach DIN EN ISO 1140, Polyester nach DIN EN ISO 1141, Polypropylen (Sorte 2) nach DIN EN ISO 1346. Bei Seilen aus Polypropylen (Sorte 1) nach DIN 83 329 ist die Tragfähigkeit etwa 40 % niedriger anzusetzen.

Faserstoff	Seilnenn-durch-messer mm	Einzelstrang		Doppelstrang Neigungswinkel von		Endlosstrang/ Kurzgespleißt* geschnürt
		direkt	geschnürt	0° bis 45°	45° bis 60°	
Polyamid Polyester s. Anmerkung	16	520	420	730	520	840
	20	800	640	1 100	800	1 280
	24	1 200	960	1 700	1 200	1 920
	28	1 500	1 200	2 100	1 500	2 400
	32	2 000	1 600	2 800	2 000	3 200
	36	2 500	2 000	3 500	2 500	4 000
	40	3 000	2 400	4 200	3 000	4 800
	48	4 300	3 400	6 000	4 300	6 800
Polypropylen	16	480	380	670	480	760
	20	750	600	1 000	750	1 200
	24	1 100	880	1 500	1 100	1 760
	28	1 400	1 100	2 000	1 400	2 200
	32	1 700	1 400	2 400	1 700	2 800
	36	2 200	1 800	3 100	2 200	3 600
	40	2 600	2 100	3 600	2 600	4 200
	48	3 700	3 000	5 200	3 700	6 000

* *Langgespleißte Seile nur 60 % der Tabellenwerte*

Ablegereife

Bei Feststellung folgender Schäden sind Faserseile (allgemein) der Benutzung zu entziehen:

- Bruch einer Litze
- Mechanische Beschädigungen, starker Verschleiß oder Auflockerungen
- Schäden infolge Einwirkung aggressiver Stoffe
- Lockerung der Spleiße
- Starke Verformung infolge Wärme, z. B. durch innere oder äußere Reibung, Wärmestrahlung

Anmerkung: Polyesterseile sind 10 bis 15 % niedriger eingestuft. Anhänger beachten!

Beim Anschlagen mit mehreren Strängen dürfen nur zwei Stränge als tragend angenommen werden. Nur, wenn sichergestellt ist, dass sich die Last gleichmäßig auch auf die weiteren Stränge verteilt, dürfen diese als tragend angenommen werden. Bei ungleicher Lastverteilung darf die Einzelstrangtragfähigkeit nicht überschritten werden.

Tragfähigkeitstabelle in kg für Anschlagmittel aus Rundstahlketten der Güteklasse 2

Die Tabellen gelten für Anschlagketten nach DIN 695 aus Rundstahlketten nach DIN 32 891 (Ausgabe 04.96).

Kettennenndicke mm	Einzelstrang		Doppelstrang mit Neigungswinkeln von				Drei- und Vierstrang mit Neigungswinkeln von	
			0° bis 45°		45° bis 60°		0° bis 45°	45° bis 60°
6	320	250	450	350	320	250	670	475
8	630	500	900	700	630	500	1 320	950
10	1 000	800	1 400	1 100	1 000	800	3 350	1 500
13	1 600	1 300	2 240	1 800	1 600	1 300	5 300	2 360
16	2 500	2 000	3 550	2 800	2 500	2 000	2 800	3 750
18	3 200	2 500	4 500	3 600	3 200	2 500	6 700	4 750
20	4 000	3 200	5 600	4 500	4 000	3 200	8 000	6 000
23	5 000	4 000	7 100	5 600	5 000	4 000	10 000	7 500
26	6 300	5 000	9 000	7 100	6 300	5 000	13 200	9 500
32	10 000	8 000	12 500	11 200	10 000	8 000	20 000	15 000
36	12 500	10 000	16 000	14 000	12 500	10 000	25 000	18 000
40	16 000	13 000	20 000	16 000	16 000	13 000	–	–
45	20 000	16 000	25 000	20 000	20 000	16 000	–	–

Bei Frost und Temperaturen über 100° C verringert sich die Tragfähigkeit wie folgt:

Temperaturen ° C	-20	-10	0 bis 100	150	200	250
Tragfähigkeit %	50	75	100	75	50	30

Anschlagketten der Güteklasse 2 haben geschweißte Zwischenglieder und sind dadurch relativ unempfindlich gegen Beizflüssigkeit.

Instandsetzung ist nur durch das Herstellerwerk möglich.

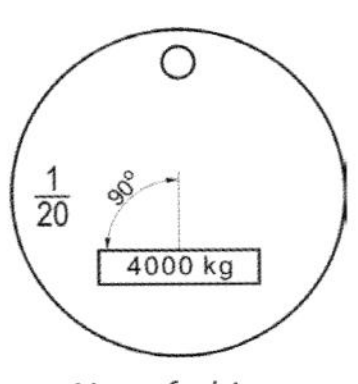

Naturfarbiger Kettenanhänger

Kettenstempel

Tragfähigkeitstabelle in kg für Rundstahlketten der Güteklasse 8

Die Tabellen gelten für Anschlagketten nach DIN EN 818-4 „Kurzgliedrige Rundstahlketten für Hebezwecke – Sicherheit – Teil 4: Anschlagketten Güteklasse 8".

Kettennenndicke mm	Einzelstrang		Doppelstrang mit Neigungswinkeln von				Drei- und Vierstrang mit Neigungswinkeln von		Kranzkette	
			0° bis 45°		45° bis 60°		0° bis 45°	45° bis 60°	Einzelstrang	Doppelstrang
4	500	400	700	560	500	400	1 050	750	800	2 000
6*	1 000	800	1 400	1 120	1 000	800	2 100	1 500	1 600	4 000
8	2 000	1 600	2 800	2 240	2 000	1 600	4 250	3 000	3 200	8 000
10	3 200	2 500	4 500	3 550	3 200	2 500	6 700	4 750	5 000	12 500
13*	5 000	4 000	7 100	5 600	5 000	4 000	10 000	7 500	8 000	20 000
16	8 000	6 300	11 200	9 000	8 000	6 300	17 000	11 800	12 500	32 000
18	10 000	8 000	14 000	11 200	10 000	8 000	21 200	15 000	16 000	40 000
20	12 500	10 000	18 000	14 000	12 500	10 000	26 500	18 000	20 000	50 000
22	15 000	12 000	21 200	17 000	15 000	12 000	32 000	22 400	24 000	60 000
26*	20 000	16 000	28 000	22 400	20 000	16 000	40 000	30 000	32 000	80 000
28	25 000	20 000	35 500	28 000	25 000	20 000	50 000	37 500	40 000	100 000
32	32 000	25 000	45 000	35 500	32 000	25 000	63 000	47 500	50 000	125 000
36	40 000	32 000	56 000	45 000	40 000	32 000	80 000	60 000	63 000	160 000
40	50 000	40 000	71 000	56 000	50 000	40 000	100 000	75 000	80 000	200 000
45	63 000	50 000	90 000	71 000	63 000	50 000	125 000	90 000	100 000	250 000

Rundstahlketten Güteklasse 8 dürfen nicht in Beizbädern eingesetzt werden!

Roter Kettenanhänger üblich [nach DIN EN 818-4 auch andere Formen und ohne Farbe erlaubt!]

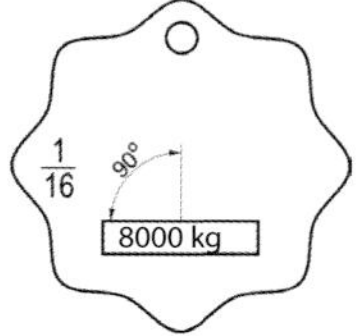

Üblicher Kettenstempel

H 8

Nummer des Herstellerwerks — Güteklasse

Beispiel: Anhänger an einsträngiger 16-mm-Kette

**: 6, 13, und 26-mm-Ketten nach neuer Norm etwas höher belastbar, siehe Kettenanhänger*

Bei Temperaturen über 200° C verringert sich die Tragfähigkeit wie folgt:

Temperaturen ° C	-40 bis 200	über 200 bis 300	über 300 bis 400
Tragfähigkeit %	100	90	75

Ablegereife:

Anschlagketten dürfen nicht mehr verwendet werden, wenn die ganze Kette oder ein Einzelglied eine Längung von 5 % oder mehr erfahren hat oder wenn die Gliedstärke (Nenndicke) an irgendeiner Stelle um mehr als 10 % abgenommen hat (siehe DIN 685 „Geprüfte Rundstahlketten").

Tragfähigkeitstabelle in kg für Rundstahlketten Güteklasse 10 nach PAS 1061 (April 2006)

Die Tabelle gibt eine Übersicht über die Tragfähigkeiten der Ketten in Güte 10, angepasst an das Schema für Güteklasse 8. Es gilt die Kennzeichnung auf dem Tragfähigkeitsanhänger. Bei Abweichungen kann entsprechend der Einzelstrangtragfähigkeit auf die Mehrstrangtragfähigkeit geschlossen werden.

Kettennenndicke mm	Einzelstrang		Doppelstrang mit Neigungswinkeln von				Drei- und Vierstrang mit Neigungswinkeln von		Kranzkette	
			0° bis 45°		45° bis 60°		0° bis 45°	45° bis 60°	Einzelstrang	Doppelstrang
4	630	500	880	700	630	500	1 320	940	1 000	2 500
5	1 000	800	1 400	1 120	1 000	800	2 100	1 500	1 600	4 000
6	1 400	1 120	1 960	1 570	1 400	1 120	2 940	2 100	2 240	5 600
7	1 900	1 520	2 660	2 130	1 900	1 520	3 990	2 850	3 040	7 600
8	2 500	2 000	3 500	2 800	2 500	2 000	5 250	3 750	4 000	10 000
10	4 000	3 200	5 600	4 480	4 000	3 200	8 400	6 000	6 400	16 000
13	6 700	5 360	9 400	7 500	6 700	5 360	14 070	10 050	10 720	26 800
16	10 000	8 000	14 000	11 200	10 000	8 000	21 000	15 000	16 000	40 000
18	12 500	10 000	17 500	14 000	12 500	10 000	26 250	18 750	20 000	50 000
19	14 000	11 200	19 600	15 680	14 000	11 200	29 400	21 000	22 400	56 000
20	16 000	12 800	22 400	17 920	16 000	12 800	33 600	24 000	25 600	64 000
22	19 000	15 200	26 600	21 280	19 000	15 200	39 900	28 500	30 400	76 000
23	20 000	16 000	28 000	22 400	20 000	16 000	42 000	30 000	32 000	80 000
26	26 500	21 200	37 100	29 680	26 500	21 200	55 650	39 750	42 400	106 000

Die Ketten und Zubehörteile sind sowohl in der Tragfähigkeit als auch im Kettendurchmesser und Gabelkopfsystem aufeinander abgestimmt. Fremdmontage von Zubehörteilen anderer Fabrikate ist nicht zulässig.

Ketten der Güteklasse 10 dürfen nicht mit Zubehörteilen der Güteklasse 8 oder 12 verbunden werden.

Rundstahlketten Güteklasse 10 und 12 dürfen nicht in Beizbädern eingesetzt werden!

Bei Temperaturen über 200° C verringert sich die Tragfähigkeit für Ketten Güteklasse 10 wie folgt, sofern vom Hersteller nicht anders angegeben:

Temperaturen ° C	-20 bis +200	über 200 bis 300	über 300 bis 380	über 380
Tragfähigkeit %	100	90	60	Nicht benutzen

Ablegereife wie Güteklasse 8

Üblicher Kettenstempel
Anhänger herstellerabhängig unterschiedlich

Tragfähigkeitstabelle in kg für Rundstahlketten Güteklasse 12 ähnlich PAS 1061

Die Tabelle zeigt eine Übersicht über die zur Zeit verfügbaren Ketten der Hersteller, die Ketten-Güte 12 anbieten. Fast alle Hersteller bieten nur eine bestimmte Durchmesserauswahl an.

Ketten-nenn-dicke mm	Einzelstrang		Doppelstrang mit Neigungswinkeln von				Drei- und Vierstrang mit Neigungswinkeln von		Kranzkette	
			0° bis 45°		45° bis 60°		0° bis 45°	45° bis 60°	Einzel-strang	Doppel-strang
4	800	640	1 120	900	800	640	1 680	1 200	1 280	3 200
6	1 800	1 440	2 500	2 000	1 800	1 440	3 780	2 700	2 880	7 200
8	3 000	2 400	4 200	3 360	3 000	2 400	6 300	4 500	4 800	12 000
10	5 000	4 000	7 000	5 600	5 000	4 000	10 500	7 500	8 000	20 000
13	8 000	6 400	11 200	9 000	8 000	6 400	16 800	12 000	12 800	32 000
16	12 500	10 000	17 500	14 000	12 500	10 000	26 250	19 000	20 000	50 000

Die Ketten Güte 12 sind nur mit den vom Hersteller mitgelieferten Zubehörteilen typgeprüft. Deshalb darf es keinen Austausch mit Zulieferteilen fremder Hersteller geben. Die Stempelung erfolgt mit Ⓓ12 („Deep temperature").

Diese Ketten dürfen nicht in Beizbädern eingesetzt werden.

Entsprechend dieser Tabelle verringert sich die Tragfähigkeit bei höheren Temperaturen, siehe auch Herstellerangaben:

-60° bis 200° C	über 200° bis 250° C	über 250° bis 300° C
100%	90%	60%

Nie, auch ohne jede Last, über 300° C erwärmen.

Die Berufsgenossenschaft gibt vor: Bei hoher dynamischer Belastung mit hoher Lastspielzahl (Dauerbetrieb) muss die Triebwerksgruppe 1 Bm (M3 nach DIN 818-7) reduziert werden, z. B. durch Benutzung größerer Nenndicke.

Gesetze, Verordnungen, DGUV Vorschriften und Regeln

1. Gesetze und Verordnungen

ProdSG	Produktsicherheitsgesetz
9. ProdSV	Neunte Verordnung zum Produktsicherheitsgesetz (Maschinenverordung)
BetrSichV	Betriebssicherheitsverordnung (insb. §§ 12 und 14, Anhang 1 Abschnitt 2)

2. DGUV Vorschriften und Regeln

DGUV V 1	Grundsätze der Prävention
DGUV V 54	Winden, Hub- und Zuggeräte
DGUV V 52	Krane
DGUV R 100-500 Kap. 2.8	Betreiben von Lastaufnahmeeinrichtungen im Hebezeugbetrieb
DGUV R 109-004	Rundstahlketten als Anschlagmittel in Feuerverzinkereien

Schlusswort

Bereits diese kleine Broschüre für den Anschläger und den Sachkundigen seiner Firma zeigt, wie viele Dinge beim Lastentransport zu berücksichtigen sind. Weitere wichtige Themen des innerbetrieblichen Transports, die eng hiermit zusammengehören, sind
Stapler
Mitgänger-Flurförderzeuge
Führerhausgesteuerte Krane
Flurgesteuerte Krane
Lagern und Stapeln

Wenn diese Broschüre bewirkt, dass die Anschläger und alle Werker, die Lasten anhängen müssen, nach dem Motto: „Gefahr erkannt, Gefahr gebannt" arbeiten und die Unternehmen ihnen ordnungsgemäß regelmäßig geprüfte Anschlagmittel zur Verfügung stellen, die Transporte sinnvoll geplant und vorbereitet werden, ist das Hauptziel dieser Broschüre erreicht:

Unfälle mit Personen- und Sachschäden zu vermeiden!

Sichere Anschlagmittel mit Umsicht benutzen spart Zeit, Geld und Nerven durch sicheren Transport.

Bildnachweis:

Der Autor dankt folgenden Firmen und Organisationen recht herzlich für die Bereitstellung von Informationen und Bildmaterial:

Berufsgenossenschaft Holz und Metall, Mainz
Bundesanstalt für Arbeitsschutz und Arbeitsmedizin (BAuA), Dortmund
Albert Fezer Maschinenfabrik, Esslingen
Carl Stahl, Süßen
Dolezych, Dortmund
Enercon, Aurich
Fachverband Seile und Anschlagmittel, Düsseldorf
Globus Hebetechnik, Hilden
J.D. Theile, Schwerte
RuD-Kettenfabrik, Aalen
SpanSet, Übach-Palenberg
Walraf, Mönchengladbach